AF496721

# PREMIÈRES NOTIONS

## DE

# COSMOGRAPHIE

3262-81. — Corbeil. Typ. et stér. Crété.

# PREMIÈRES NOTIONS

## DE

# COSMOGRAPHIE

PAR

## FÉLIX HÉMENT

LICENCIÉ ÈS SCIENCES MATHÉMATIQUES
INSPECTEUR DE L'ENSEIGNEMENT PRIMAIRE A PARIS
LAURÉAT DE L'ACADÉMIE FRANÇAISE

Ouvrage couronné par la Société pour l'Instruction élémentaire
adopté par les Commissions officielles pour être donné en prix dans les école
et pour être placé dans les bibliothèques scolaires.

TROISIÈME ÉDITION REVUE ET CORRIGÉE.

# PARIS

## LIBRAIRIE CH. DELAGRAVE

15, RUE SOUFFLOT, 15

1882

*Tout exemplaire de cet ouvrage non revêtu de ma griffe sera réputé contrefait.*

# AVERTISSEMENT

L'enseignement de la géographie doit être précédé de quelques notions de cosmographie. Les professeurs et les auteurs l'ont si bien compris, qu'il n'est pas un traité de géographie où l'on trouve au début les données les plus essentielles sur le système du monde, pas un atlas où l'on ne consacre quelques planches à la représentation des principaux faits astronomiques.

Mais, pour être vraiment utiles, ces notions, si élémentaires qu'on les suppose, demandent à être développées dans une certaine mesure, et à être rattachées à l'occasion aux autres sciences. Cette considération conduisit M. Marguerin, il y a quelques années, à faire précéder le cours de géographie de leçons spéciales de cosmographie. Ce cours d'introduction à l'étude de la géographie me fut confié.

Dès lors je rattachai cet enseignement, quant à la forme et à l'étendue, à celui dont j'ai donné le cadre dans les *premières notions d'histoire naturelle* et dans les *premières notions de physique*, et j'eus la pensée de fournir ainsi, dans ce nouvel ouvrage, une préparation utile aux élèves qui se proposent d'approfondir plus tard l'étude de la cosmographie, en même temps qu'un enseignement suffisant pour ceux qui n'ont besoin que de connaissances élémentaires.

Je répète, comme je l'ai dit à propos des publications précédentes, que je me suis efforcé de mettre l'enseignement des sciences à la portée des jeunes intelligences. Il y a, en effet, dans cet enseignement une lacune à combler qui n'existe pas dans celui des lettres. L'instruction littéraire est donnée par degrés, et l'expérience a produit un certain nombre d'ouvrages dont l'élévation progressive correspond au développement de l'esprit des élèves. Dans les sciences, au contraire, on leur présente tout d'abord des ouvrages ardus et difficiles à comprendre, auxquels ils n'ont pas été initiés et dont la langue elle-même nécessite une traduction. Pour aplanir cette difficulté, j'ai essayé de faire l'*epitome* de la science.

Est-il nécessaire d'ajouter que, malgré sa modeste apparence, ce petit livre a été fait avec autant de soin que les ouvrages plus étendus et plus complets. J'espère avoir mis à profit d'excellents conseils qui m'ont été donnés par MM. Le Verrier, Faye et Janssen, membres de l'Institut. Les figures ont été l'objet d'une attention particulière ; elles ne sont pas autres que celles qu'on trouve dans des ouvrages illustrés d'un prix élevé.

# PREMIÈRES NOTIONS

### DE

# COSMOGRAPHIE

## I. — LE CIEL.

SOMMAIRES. — Ce que l'on voit au ciel. — Étoiles et Planètes. — Classification des étoiles. — Inégal éloignement des étoiles; sphère céleste. — Constellations ; exemples. — Les étoiles sont de couleurs diverses. — L'éclat des étoiles peut varier. — Étoiles périodiques. — Étoiles temporaires. — Étoiles multiples. — Nébuleuses. — Formation des étoiles; conséquence. — Résumé.

**Ce qu'on voit au ciel.** — Deux astres s'offrent d'abord à nos yeux, deux types auxquels nous comparerons les autres, d'autant plus aisés à voir et à connaître qu'ils sont les plus gros en apparence, c'est-à-dire les plus rapprochés de nous. C'est le Soleil et la Lune. L'éclat du premier nous empêche de voir pendant le jour les astres innombrables que nous voyons la nuit ; ainsi une flamme très-vive ne nous permet pas de distinguer des lumières d'une faible intensité. La Lune même, bien qu'elle ne possède qu'une lumière empruntée au Soleil ne nous laisse pas voir les astres, ses voisins apparents. C'est donc par une nuit obscure, nous voulons dire sans clair de lune et sans nuages, qu'on verra plus distinctement les corps brillants qu'on nomme indistinctement mais à tort des *étoiles*.

Sans doute, au premier abord, il serait difficile de reconnaître entre tous ces points brillants les différences qu'une observation plus attentive permet d'y signaler. Pour ne prendre qu'un exemple frappant, il est un astre bien connu sous des dénominations très-diverses : c'est l'*étoile du matin*, ou *du soir*, *lucifer* ou *vesper*, l'*étoile du berger*; or, cet astre n'est pas une étoile, mais bien la *planète Vénus*. Entre les étoiles et les planètes il y a la même différence qu'entre le Soleil et la Lune.

On découvre en outre, dans le ciel, des groupes d'étoiles où celles-ci se trouvent en si grand nombre et sont si éloignées de nous que leurs lumières se confondent et que le groupe offre l'aspect d'un nuage lumineux. Ce sont des *nébuleuses*

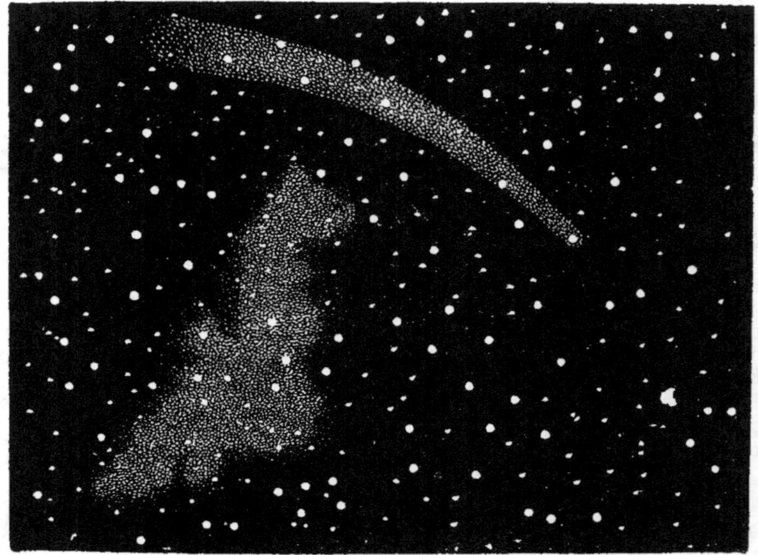

Fig. 1. — Ce qu'on voit au ciel.

*apparentes*. Ainsi, lorsqu'on regarde de loin les nombreux réverbères qui éclairent une place publique, on dirait une poussière lumineuse.

Certaines nébuleuses ne sont pas des groupes d'étoiles, mais bien de véritables nuages d'une lumière douce, comme celle d'une flamme vue à travers la corne ; tantôt cette lumière est uniforme, tantôt elle est plus intense en certains points où la matière semble condensée. Ce sont des *nébuleuses vraies*.

Enfin, à des époques variables, on voit des corps célestes offrant quelques analogies avec les planètes et pourvus généralement d'appendices ou *queues* : ce sont les *comètes* ; d'autres traversent rapidement notre atmosphère comme des fusées d'artifice : on les nomme *étoiles filantes*. « Une nébuleuse en forme de pyramide lumineuse, dont la base est à l'horizon et dont la pointe s'élance vers le ciel, se montre dans le voisinage des tropiques, après le coucher du soleil, c'est la *lumière zodiacale*. » Nous étudierons successivement chacun des corps célestes que nous venons d'énumérer et qui peuplent l'espace.

**Étoiles et Planètes.** — Si, au lieu de se borner à regarder les astres à l'œil nu, on se sert de lunettes, il n'est plus possible de confondre les *planètes* avec les *étoiles*. Les premières ressemblent à la Lune, elles en ont la lumière douce, pâle et uniforme qu'elle empruntent au Soleil ; les autres ressemblent au Soleil, leur lumière change continuellement d'éclat et de couleur, en un mot elles scintillent.

Les planètes ont la forme d'un disque qui paraît d'autant plus grand que le grossissement de la lunette est plus fort. Les étoiles semblent ne pas avoir de dimensions, ce sont de simples *points* brillants, quel que soit le pouvoir grossissant de la lunette. L'effet de la lunette cesse de se faire sentir sur des corps placés à de très-grandes distances, comme les étoiles ; c'est comme si l'on rapprochait de quelques mètres un objet placé à cent lieues ; évidemment il ne serait pas plus distinct. Si au contraire la distance est de cent mètres, c'est tout autre chose. Cette différence de distance explique comment les planètes, incomparablement plus petites et moins brillantes que les étoiles, n'en diffèrent pas pour des yeux peu exercés.

Maintenant qu'il est établi que les étoiles sont des soleils et les planètes des lunes, nous pouvons commencer l'étude de ces deux groupes d'astres ainsi que du Soleil et de la Lune qui en sont les types.

**Classification des étoiles.** — Les étoiles diffèrent beaucoup d'éclat, ce qui permet de les classer. On dit des plus brillantes qu'elles sont de *première grandeur* ; il y en a une vingtaine. Puis viennent celles de *deuxième grandeur*, environ

Fig. 2. — Grandeur relative des étoiles des six premières grandeurs.

trois fois plus nombreuses ; celles de *troisième grandeur*, trois fois plus nombreuses que les précédentes, etc. Le nombre augmente à mesure que la grandeur diminue, non suivant la loi très-simple que nous venons d'indiquer pour les trois premières, mais dans une proportion considérable. De la *neuvième grandeur* par exemple, on en compte environ cent quarante mille.

Nous voyons, sans lunette, les étoiles des six premières grandeurs, soit à peu près cinq mille. De la sixième à la seizième ou dernière grandeur, les étoiles ne sont visibles qu'à l'aide d'instruments.

**Inégal éloignement des étoiles ; sphère céleste.** — Sans doute les étoiles peuvent être réellement de grandeurs différentes, mais on peut dire aussi que les variations d'éclat tiennent à ce que leurs lumières sont d'intensités différentes, ou encore à ce qu'elles sont inégalement éloignées de nous, ou enfin à ces deux causes réunies. Si l'on observe leurs positions, les distances relatives qui les séparent, les figures que forment leurs groupements, la distance importe peu. On suppose donc tous ces astres sur une sphère fictive, la *sphère céleste*. Les arcs des grands cercles de cette sphère servent à évaluer les distances et à fixer les positions relatives non-seulement les étoiles, mais de tous les corps célestes.

**Constellations; exemple.** — Il serait difficile de distinguer entre elles les diverses étoiles, si on les observait isolément; on risquerait de confondre toutes celles d'une même grandeur, d'autant plus facilement qu'elles se déplacent par rapport à nous dans le ciel. Aussi, dès la plus haute antiquité, on avait imaginé d'en faire des groupes et de partager ainsi la population sans nombre de ces corps célestes en peuplades diverses qu'on nomme des *constellations*. Naturellement ces groupements sont arbitraires et les étoiles qu'on réunit ainsi n'ont aucune relation entre elles à ce point de vue. Ces constellations ont reçu des Anciens des noms de divinités, d'animaux, d'objets divers. Il y a par exemple, *Hercule*, *la grande* et *la petite Ourse*, *la Balance*, etc. Leur figure ne justifie en aucune façon ces dénominations.

Fig. 3. — La grande Ourse.

Pour reconnaître une constellation, il faut en joindre par la pensée les étoiles principales à l'aide de lignes droites fictives : on obtient ainsi une figure géométrique, triangle ou polygone quelconque, dont il faut conserver le souvenir. La présence d'une étoile remarquable dans une constellation, comme *Véga* de la *Lyre* ou *Altaïr* de l'*Aigle*, permet tout naturellement de reconnaître plus facilement cette constellation.

La *grande Ourse* est une des constellations les plus remarquables. On la nomme encore *le Chariot*. Elle se compose de sept étoiles principales dont six de deuxième grandeur. Quatre d'entre elles forment les quatre sommets d'un quadrilatère, les trois autres une ligne brisée.

En prolongeant le côté du quadrilatère qui forme l'une
des extrémités de la constellation d'environ cinq fois sa longueur, on rencontre la dernière étoile d'une constellation

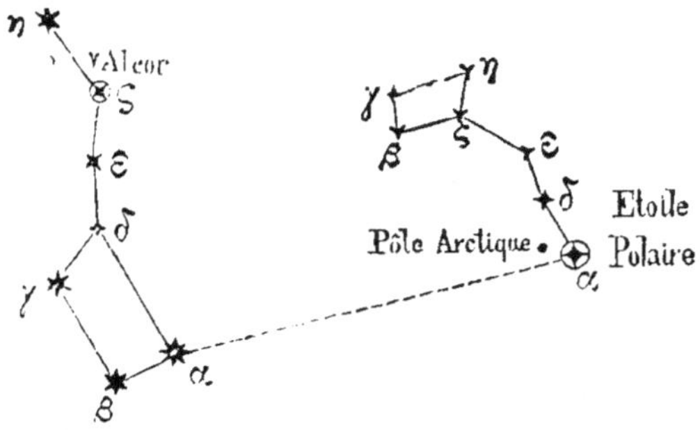


Fig. 4. — La grande et la petite Ourse.

semblable à la grande Ourse, plus petite et disposée en sens
contraire : c'est *la petite Ourse*. L'étoile, plus brillante que

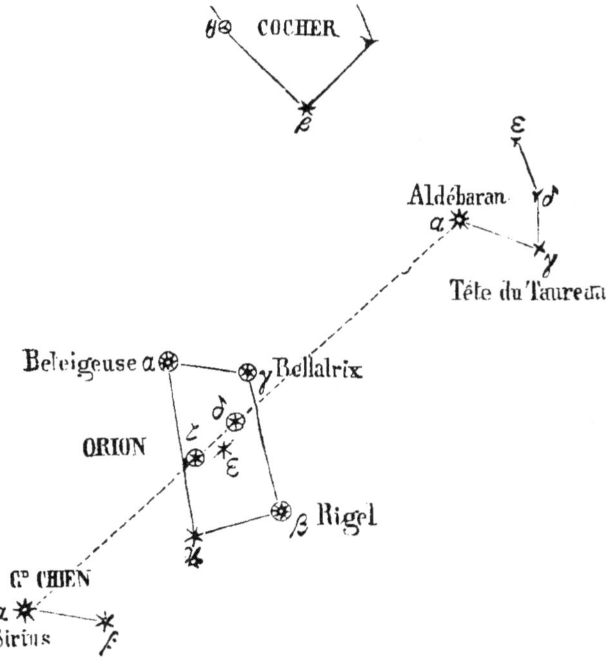


Fig. 5. — Constellations diverses.

elles autres, est l'*étoile polaire*, dont on saura bientôt l'importance.

Citons encore *Cassiopée*, formée de cinq étoiles en zigzag, *Orion*, une des plus belles constellations, composée de quatre étoiles disposées en quatre angles d'un grand quadrilatère, dans l'intérieur duquel se trouvent trois étoiles en ligne droite, le *baudrier*. Cette ligne, prolongée dans les deux sens passe d'un côté par *Sirius*, la plus brillante des étoiles, qui fait partie du *Grand Chien*, de l'autre par *Aldébaran*, fort brillante aussi, appartenant au *Taureau* (1).

**Les étoiles sont de couleurs diverses.** — Même sans l'aide d'aucun instrument on peut voir que les étoiles n'ont pas la même couleur, mais en les observant avec une lunette on en distingue la couleur. Ainsi il y en a de rouges comme *Antarès* (Constellation du *Scorpion*), *Aldébaran*; de jaunes comme la *Chèvre* (C. du *Cocher*), *Altaïr*; de vertes, de bleues, etc.

**L'éclat des étoiles peut varier.** — On a vu certaines étoiles devenir plus brillantes et passer par exemple de la quatrième à la troisième ou à la deuxième grandeur. L'étoile *Éta* ($n$), du *Navire*, varie brusquement de la quatrième à la première grandeur, puis son éclat augmente et se trouve presque centuplé en une période d'années assez courte. D'autres, au contraire, diminuent d'éclat et disparaissent quelquefois complétement. C'est en comparant les catalogues d'étoiles formés à diverses époques qu'on a pu constater ces changements.

**Étoiles périodiques.** — L'étoile *Éta* n'est pas seulement changeante, elle est *périodique*, c'est-à-dire qu'elle passe d'une grandeur à une autre, pour revenir ensuite à la première. *Algol* (C. de *Persée*) passe de la deuxième à la quatrième grandeur et réciproquement dans un intervalle de trois jours environ. Pour d'autres étoiles les variations d'éclat sont plus ou moins grandes jusqu'à la disparition complète; la durée de la période plus ou moins longue.

**Étoiles temporaires.** — Certaines étoiles n'ont été visibles que pendant un temps assez court avec un éclat variable, puis elles ont disparu. On les nomme *étoiles temporaires*. Ce sont peut-être des étoiles périodiques dont la période n'est pas complétement connue. « Telle fut dans Cassiopée la célèbre étoile de 1572, *la Pèlerine*, bien supérieure en éclat à Sirius, et même à Jupiter et à Vénus. Elle se voyait en plein midi, à l'œil nu, et souvent au travers de légers nuages. Son apparition dura dix-sept mois. »

_______

(1) Nous ne donnons qu'un petit nombre d'exemples, les élèves devant s'exercer eux-mêmes avec l'aide d'une carte céleste.

**Étoiles multiples.** — On appelle *Étoiles multiples* des groupes de deux, trois, quatre et même cinq étoiles qui, à l'œil nu, offrent l'aspect d'une étoile unique. C'est à l'aide de lunettes qu'on parvient à distinguer les diverses étoiles du groupe.

Généralement ces étoiles n'ont ni la même couleur ni le même éclat. Dans les étoiles doubles l'une est rouge, tandis que l'autre est verte, ou l'une est jaune et l'autre bleue. Le nombre des étoiles doubles est assez considérable, mais celui des étoiles triples l'est très-peu. Les groupes plus nombreux sont encore plus rares.

**Mouvements des étoiles.** — Les Anciens nommaient les étoiles, *étoiles fixes*, par opposition avec les autres corps célestes qui sont mobiles. On a continué à les appeler ainsi jusqu'à une époque récente. Mais ces étoiles prétendues fixes sont en réalité animées de mouvements qui paraissent peu marqués à cause des distances considérables qui nous séparent d'eux. Il n'y a rien de fixe dans le monde depuis l'atome jusqu'à l'étoile, chez les êtres bruts ou chez les êtres organisés.

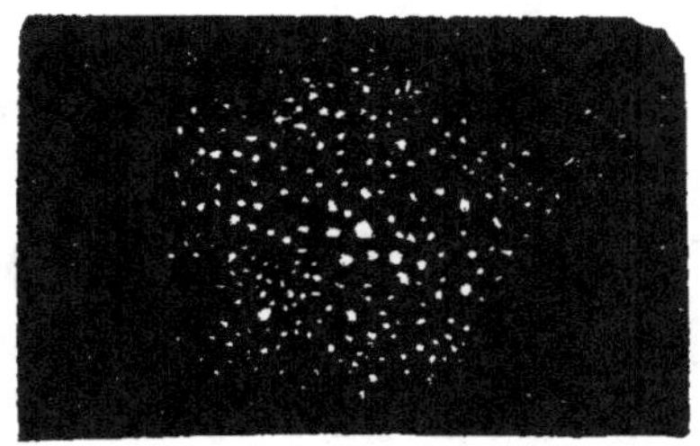

Fig. 6. — Amas d'étoiles ou nébuleuse apparente.

C'est seulement au bout d'un grand nombre d'années qu'on pourrait s'apercevoir des variations que produiront ces mouvements dans la forme des constellations dont les étoiles font partie.

Enfin, les étoiles doubles se meuvent l'une autour de l'autre selon les lois qui gouvernent les autres corps célestes.

**Nébuleuses.** — On peut considérer les étoiles multiples comme de petites nébuleuses, mais, le plus souvent, dans les groupes très-nombreux, les étoiles ne paraissent voisines que parce que les directions suivant lesquelles on les voit sont très-rapprochées, ce qui n'empêche pas ces astres d'être très-éloignés les uns des autres. Il en est ainsi des étoiles dont se compose la *Voie lactée*, la plus grande et la plus connue des nébuleuses. Le nombre de ces astres est prodigieux. Pour en donner une idée, il suffit de dire que la Lune venant à passer entre la voix lactée et nous, cache derrière son disque vingt ou trente mille étoiles. Cette large bande lumineuse qui

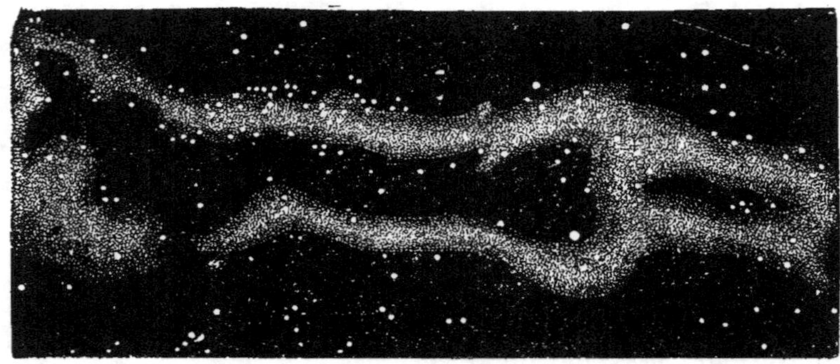

Fig. 7. — Nébuleuse et constellations.

se déroule sur la voûte céleste ne renferme pas moins, dit-on, de vingt millions d'étoiles.

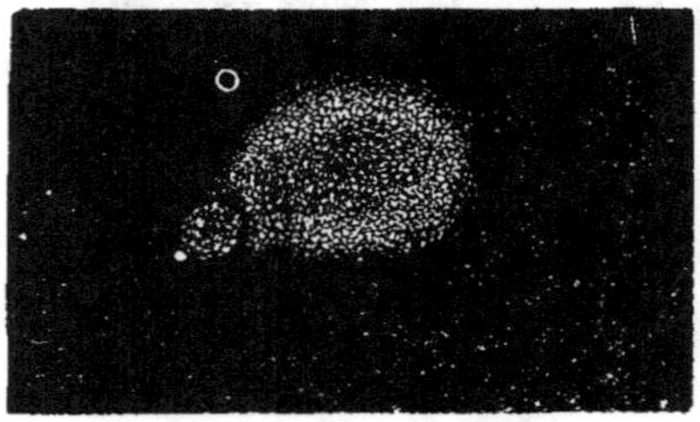

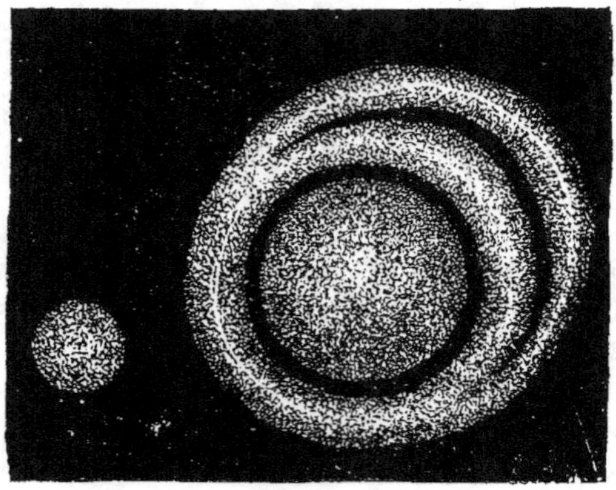

Fig. 8. — Nébuleuse à noyau.

« Parmi les nébuleuses *vraies* on en voit qui ressemblent à un léger nuage d'une lumière uniforme ; d'autres ont la forme d'un nuage arrondi plus brillant au centre qu'aux bords, chez d'autres la partie centrale est encore plus ramassée et plus brillante ; enfin, il en est dont le centre est occupé par une véritable étoile et quelquefois par plusieurs. »

Fig. 9. — Nébuleuses vraies.

**Formation des étoiles ; conséquence.** — Il est tout

naturel de supposer que ces nébuleuses sont des étoiles en voie de formation. La matière qui les compose se condenserait de plus en plus, tantôt en un seul point, tantôt en plusieurs, donnant ainsi naissance à une étoile simple ou à une étoile multiple.

Le Soleil, la Terre, la Lune, les planètes, auraient, primitivement, appartenu à une même nébuleuse. Chacun de ces corps a été soleil pendant un certain temps. Les parties séparées de la nébuleuse disséminées dans l'espace en fragments plus ou moins gros ont formé sans doute les aérolithes et la matière qui produit la lumière zodiacale.

### RÉSUMÉ.

Le Ciel est l'espace où sont répandus des soleils sans nombre nommés étoiles, des planètes, des comètes et des nébuleuses.

Les étoiles ont un éclat propre, les planètes une lumière d'emprunt.

Les étoiles sont de diverses grandeurs, inégalement éloignées, réunies arbitrairement en constellations, de couleurs diverses, d'éclat variable, périodiques, temporaires, multiples.

Les étoiles sont animées de mouvements.

Les nébuleuses sont ou des groupes nombreux d'étoiles ou des sortes de nuages de matières lumineuses.

# II. — LE SOLEIL.



**Forme du Soleil ; diamètre apparent.** — Il n'est pas nécessaire de recourir à un instrument pour connaître la forme du Soleil ; nos yeux suffisent. Il est vrai que nous ne saurions voir avec nos yeux de faibles irrégularités qu'une lunette permet de découvrir. D'ailleurs la lunette ne nous sert pas seulement à déterminer exactement la forme de l'astre, mais encore à en fixer la position et à en évaluer le *diamètre apparent*, c'est-à-dire le diamètre tel que nous le voyons, ou si l'on veut, l'angle formé par deux lignes partant de l'œil et aboutissant aux extrémités d'un même diamètre.

Pour s'assurer de la régularité du soleil, on se sert d'une lunette dans l'intérieur de laquelle se trouvent deux fils parallèles très-fins. L'un est fixe, l'autre mobile, tout en restant parallèle à l'autre. On dirrige la lunette sur l'astre, de manière que le fil fixe soit tangent à l'un des bords, puis on amène le fil mobile vers le bord opposé. L'intervalle compris entre les deux fils est le diamètre apparent. On l'évalue en divisions du cercle (degrés, minutes et secondes), et il est de 32 minutes environ.

En faisant tourner la lunette sur place de manière à changer la direction des fils, on remarque qu'ils ne cessent pas d'être tangents, c'est-à-dire que tous les diamètres du soleil sont égaux, ce qui montre la rondeur parfaite de l'astre.

La grandeur apparente d'un objet varie tout naturellement avec la distance qui nous en sépare : au bout d'une allée un homme paraît avoir la taille d'un enfant, et à mesure qu'il s'éloigne de nous, de plus en plus, ses dimensions apparenles diminuent. De même le diamètre apparent du Soleil nous paraîtrait plus grand, si cet astre venait à se rapprocher de nous. A une distance moitié de celle qui nous en sépare, il serait deux fois plus grand, et deux fois moindre, au contraire, à une

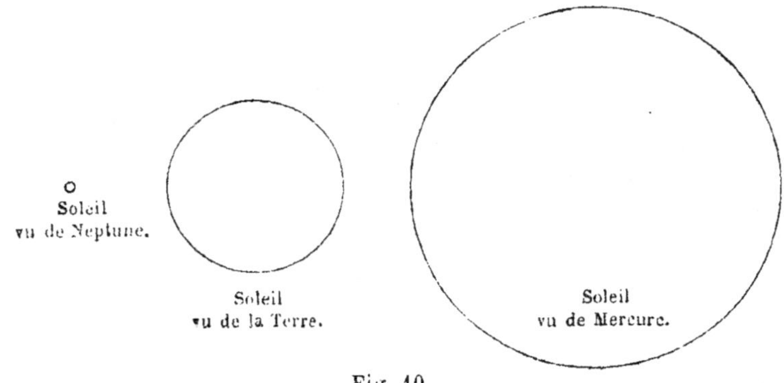


Fig. 10.

distance double. C'est ce qu'on énonce en disant que *le diamètre apparent varie en raison inverse de la distance.*

Si donc on connaissait la distance de la Terre au Soleil, on pourrait conclure la grandeur du diamètre réel de celle du diamètre apparent. — La détermination de la distance est donc doublement importante.

**Distance du Soleil à la Terre ; parallaxe du Soleil.** — La géométrie fournit les moyens d'évaluer la distance de la Terre à un corps inaccessible comme le Soleil. Cette détermination exige préalablement celle de la *parallaxe* du Soleil, ou la mesure angulaire du *demi-diamètre apparent de la Terre, vue du Soleil.* Expliquons-nous. Imaginons que, montés au haut d'une tour, nous jetons les yeux autour de nous : la Terre nous apparaît sous la forme d'un cercle dont nous occupons le centre. Élevons-nous en ballon afin de nous éloigner davantage de la Terre, et, à mesure que la distance augmentera, l'horizon s'étendra. Supposons-nous encore plus loin, à la surface de la lune, par exemple, c'est-à-dire à une distance de cent mille lieues environ, nous verrons alors toute une moitié de la Terre : elle nous apparaîtra comme une lune d'un diamètre quatre fois plus grand que celui de notre satellite et d'une surface seize fois plus grande. Continuons à nous éloigner, la Terre nous semble de plus en plus petite, de la grosseur de la Lune, puis plus petite encore. Parvenus enfin au Soleil, nous verrons la Terre, comme de la Terre nous apparaît Vénus,

Son diamètre apparent est alors environ *cent dix* fois plus petit que celui du Soleil, ainsi que le calcul l'a fait connaître : soit 18″ environ et par conséquent 9″ pour la *parallaxe* du Soleil. A l'aide de cette parallaxe on calcule la distance qui nous sépare du Soleil. On trouve environ 38,000,000 de lieues, soit 150,000,000 de kilomètres.

**Chaleur et lumière reçues par la Terre.** — La Terre n'ayant que les dimensions apparentes de Vénus à la distance de 38,000,000 de lieues, où elle se trouve du Soleil, on voit combien peu elle doit recevoir de la lumière et de la chaleur solaires. Elle ne reçoit en effet que la 2.300.000.000ᵉ partie à peu près de la quantité totale répandue dans l'espace par le Soleil. C'est pourtant cette faible quantité relative qui produit tous les phénomènes terrestres, le cours des vents et des eaux, les orages et les aurores boréales, la vie des populations sans nombre de végétaux et d'animaux. Jugez de la capacité de ce réservoir qui, depuis des milliers de siècles, répand dans l'espace des flots de lumière et de chaleur dont une si faible partie possède une si grande puissance !

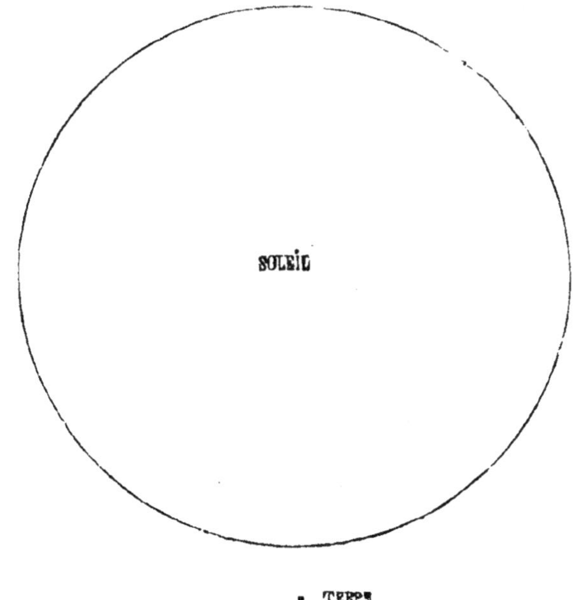


Fig. 11.

**Dimensions du Soleil.** — Le rapport des diamètres apparents n'est autre que celui des diamètres réels, puisque la distance de laquelle on regarde l'un ou l'autre corps est la même. On voit donc que *le diamètre du Soleil est environ cent dix fois plus grand que celui de la Terre*. De sorte que la terre étant représentée par un point d'un demi-millimètre, le Soleil sera figuré par un cercle de cinquante-cinq millimètres.

Nous verrons plus loin que la Terre a environ 1,660 lieues de rayon, le rayon du Soleil est donc environ de 176,000 lieues, soit 352,000 lieues de diamètre.

Le rayon du Soleil étant 110 fois plus grand que celui de la Terre, la surface de cet astre est $110 \times 110$ ou à peu près 12,000 fois plus vaste que celle de notre globe. Quant au volume, il est un peu plus de 1,300,000 fois plus grand, ($110 \times 110 \times 110$).

Mieux que les nombres, une comparaison fera comprendre les grandeurs relatives de la Terre et du Soleil. On a observé qu'un centimètre cube peut contenir dix grains de blé ; or, la capacité du litre est mille fois celle du centimètre cube, donc le litre peut contenir dix milles grains, par suite, le décalitre, cent mille, et treize décalitres, treize cent mille. Par conséquent, si l'on représente la Terre par un grain de blé, treize décalitres de blé représenteront le volume du Soleil.

**Masse, densité.** — Bien que le Soleil soit 1,300,000 fois plus grand que la Terre, il n'est que 350,000 fois plus lourd que notre globe, ou plus exactement *sa masse vaut 350,000 fois celle de la Terre*.

On voit par là que la matière qui compose le Soleil est plus légère que la matière terrestre, ou, si l'on veut, qu'un litre de Soleil pèse moins qu'un litre de Terre. On reconnaît en comparant le volume du Soleil au poids de cet astre que le décimètre cube de matière solaire pèse en moyenne environ cinq fois moins que le même volume de Terre. Le poids de la matière solaire est à peu près celui de l'eau, c'est-à-dire que *sa densité est représentée par le nombre un*.

Pour connaître la masse du Soleil, on compare l'action qu'il exerce sur la Terre à celle de la Terre sur les corps qui tombent à sa surface. Les lois de la chute des corps permettent d'évaluer la force avec laquelle la Terre les attire ; d'autre part la Terre dans son mouvement autour du Soleil est comparable à la pierre d'une fronde : le Soleil est la main, la Terre est la pierre, et le lien invisible qui les unit, l'attraction. C'est donc le Soleil qui, à chaque instant, ramène à lui la Terre qui tend constamment à s'échapper dans l'espace suivant la tangente. Elle tombe donc en réalité sur le Soleil ce toute la quantité dont elle s'en éloignerait. Le mouvement de la Terre étant connu, on en a déduit la valeur de l'attraction solaire. En comparant la chute d'un corps vers la Terre pendant une seconde à celle de la Terre sur le Soleil, on en a déduit que le Soleil agit comme 350,000 terres rassemblées.

La Terre attire les corps en raison de sa masse, c'est-à-dire que si, sans changer de grosseur, elle devenait deux fois plus dense, les corps tomberaient deux fois plus vite et leur poids serait deux fois plus grand. Le Soleil agirait donc comme une terre 350,000 fois plus lourde s'il n'était pas plus gros que la Terre. Mais les corps placés à la surface du Soleil sont à une distance du centre de cet astre 110 fois plus grande que les corps terrestres ne le sont du centre de notre planète. Cela diminue singulièrement l'attraction qui ne dépend pas seulement du poids des corps, mais encore de leur distance [1]. Il en résulte que l'attraction du Soleil à la surface de cet astre est 28 fois plus grande que celle qu'exerce la Terre sur les corps placés à sa surface. Ainsi un corps qui pèse 1 kilogramme sur la Terre pèserait, s'il était transporté au Soleil, 28 kilogrammes, et tandis qu'il parcourt en tombant sur la Terre $4^m,9$ dans la première seconde de sa chute, il parcourrait dans le même temps 137 mètres, s'il tombait sur le Soleil.

**Remarque.** — Ces résultats ne sont pas seulement très-curieux, ils nous offrent en outre un nouvel exemple de l'harmonie qui existe entre la Terre et ses habitants. Les animaux et l'homme en particulier peuvent se mouvoir et exécuter certains travaux à la condition de vivre sur la Terre. Il y a un juste équilibre entre leurs forces et la pesanteur. La fatigue et le besoin de repos n'arrivent qu'après un certain temps dont le jour marque la limite. Le travail, la pesanteur, la journée, tout cela est dans une dépendance harmonieuse. Si par la pensée on suppose les êtres animés transportés à la surface d'une planète plus ou moins attractive que la Terre, l'harmonie cesse d'exister. Ou bien l'homme ne pourra plus se mouvoir ni travailler, parce que son poids l'écrasera, ou il aura des forces trop grandes relativement à la faiblesse des entraves qui limiteront son action.

**Taches; mouvement du Soleil.** — Quoiqu'il n'y paraisse

---

[1] L'attraction de deux corps varie en raison directe de leurs masses et en raison inverse du carré de leur distance.

pas au premier abord, la surface du Soleil n'est pas uniformément brillante. A l'aide de la lunette on y découvre des parties d'un éclat très-vif ou *facules*, et des parties sombres ou *taches*.

Les taches n'ont pour ainsi dire pas de formes déterminées; leurs contours sont très-irréguliers. Certaines ont l'aspect de tourbillons gazeux. En outre, il en est qui subissent des changements considérables.

Leurs dimensions sont variables; il y en a qui ont l'étendue

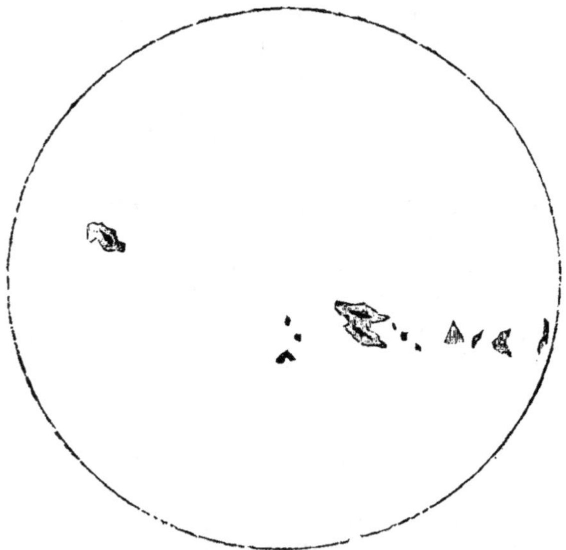

Fig. 12. — Disque du Soleil avec taches.

de la France, d'autres celle de l'Europe, d'autres celle de la Terre, enfin, on en a vu qui n'avaient pas moins de 15 à 20,000 lieues de longueur. Leur étendue comme leur forme varie assez rapidement.

Il n'y a pas toujours des taches sur le Soleil. Par contre il s'en trouve quelquefois un grand nombre : ainsi on en a compté, à certains moments, jusqu'à 50. On a remarqué qu'elles sont plus fréquentes tous les 11 ans environ.

Elles ne sont pas répandues sur tous les points du disque solaire, mais particulièrement dans une zone comprise entre deux parallèles menées à peu de distance au nord et sud de l'équateur.

On distingue dans une tache le milieu ou *noyau* qui paraît noir et les bords ou *pénombre* qui paraissent gris. Le noyau

se divise quelquefois en plusieurs parties. Il est des taches
sans noyau, d'autres, les plus petites, sans pénombre.

Enfin les taches se meuvent, ce qui est doublement important puisque leur mouvement a fait connaître celui du
Soleil, et que l'aspect qu'elles présentent pendant leur mouvement a permis de présumer la constitution physique de
cet astre.

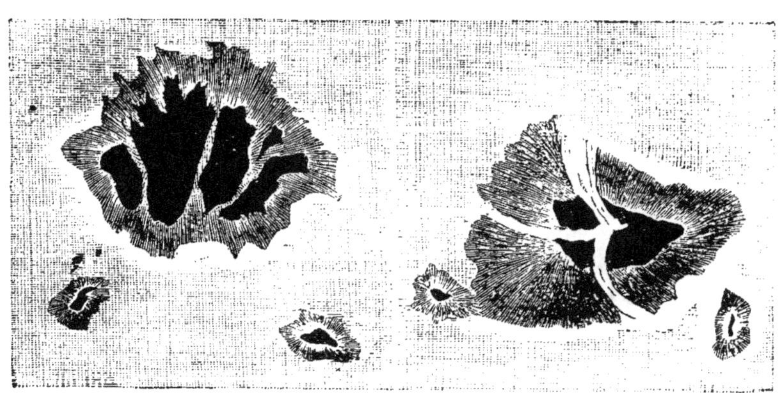

Fig. 13. — Exemples de taches solaires.

Lorsqu'on observe une tache, on la voit se déplacer régulièrement, paraître vers l'un des bords du disque solaire,
s'avancer progressivement vers l'autre bord, puis disparaître.
Pendant les jours suivants elle reste invisible. Elle se montre
de nouveau à son point de départ au bout d'un temps égal à
celui qu'elle avait mis à traverser le disque, environ
14 jours. On a déduit de là que le Soleil tourne sur lui-
même en 25 jours.

Leur durée est variable, mais ne dépasse pas deux mois.
Pendant ce temps, on les voit diminuer tantôt lentement,
tantôt rapidement, jusqu'à ce qu'elles disparaissent complétement. Elles éprouvent des modifications de forme et d'é-
tendue qui semblent résulter de mouvements d'une grandeur et d'une vitesse prodigieuses. De nouvelles taches apparaissent, tandis que les anciennes se fondent pour ainsi
dire. Telle s'évanouit en quelques jours, telle autre, pendant qu'elle achève la seconde partie de son parcours,
d'autres enfin font une révolution complète ou deux. Pendant son trajet d'un bord à l'autre, l'aspect d'une tache
varie. D'abord étroite et complétement grise lorsqu'elle est

voisine du bord, elle s'élargit et montre bientôt le noyau bordé de gris du côté du bord qu'elle vient de quitter. Parvenue au milieu de sa course, elle laisse voir le noyau entier environné de la pénombre. Puis la partie grise vue en premier lieu disparaît, le noyau à sa suite, et il ne reste que la pénombre du côté opposé. En un mot, les choses se passent

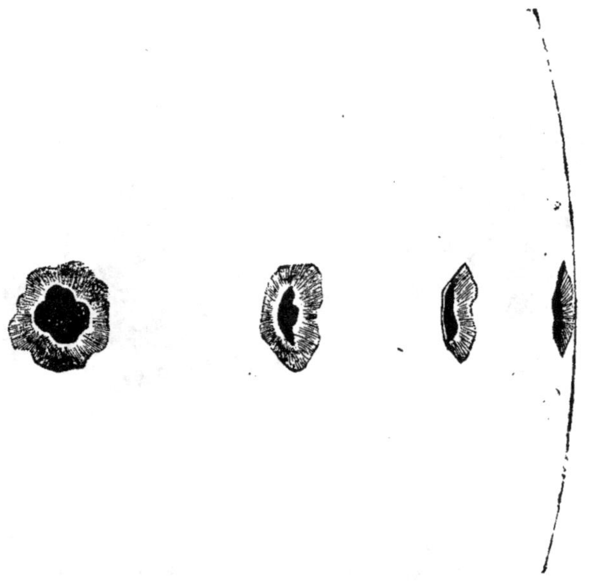

Fig. 14. — Aspect que prend une même tache pendant la rotation du Soleil.

comme si la tache était une excavation, une sorte de puits en forme d'entonnoir dont le fond est le noyau et dont les parois en pente constituent la pénombre.

**Remarque.** — La variabilité des taches, la grandeur et la rapidité des modifications qu'elles éprouvent, leur faible durée, les différences qu'on remarque dans leurs vitesses, montrent que le Soleil est gazeux au moins en grande partie, et qu'il se produit à sa surface et jusqu'à une certaine profondeur des mouvements d'une intensité incomparable.

**Facules, Protubérances.** — Les *facules* sont en quelque sorte le contraire des taches ; ce sont des parties plus brillantes que le reste de la surface, tantôt semblables à la crête d'écume qui couronne les vagues, tantôt à des traînées ou des ruisseaux. Il est permis de croire que ce sont des accumulations de la matière brillante qui compose la photosphère. C'est une preuve de plus de l'agitation qui règne sur le Soleil.

Une sorte de pointillé noir séparé par des intervalles lumineux s'étend sur toute la surface du Soleil. On dirait une
poussière brillante répandue sur un fond noir. Au bord et

Fig. 15. — Disque solaire avec protubérances.

vers l'intérieur des taches, la poussière lumineuse semble
couler dans le fond de la tache, et les grains s'allongent en
forme de feuilles de saule.

Restent les *protubérances*. C'est ainsi qu'on nomme des
masses vaporeuses analogues à des nuages ou à des flammes
d'un rose violacé d'une teinte très-délicate qu'on voit en divers points du contour du Soleil.

Tantôt elles adhèrent au Soleil tantôt elles sont détachées

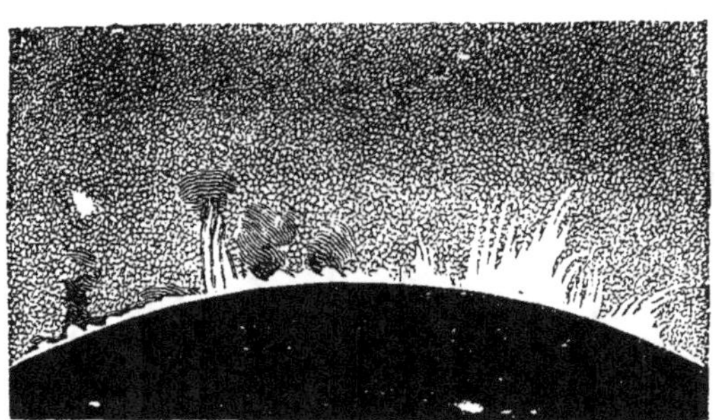

Fig. 16. — Les protubérances grossies.

et flottantes. Elles se présentent sous des formes variées : celle
d'une gerbe, ou celle d'une montagne, ou encore d'un nuage

ou de flots de fumée. Leur couleur diminue d'intensité à partir du bord du Soleil. Leur hauteur dépasse quelquefois 30,000 lieues, et pourtant ces énormes masses quatre ou cinq cents fois plus grandes que la Terre se déplacent et changent de forme en quelques minutes. Grâce à l'analyse spectrale on a pu reconnaître que *les protubérances sont gazeuses et qu'elles sont principalement composées d'hydrogène incandescent*. Elles font partie d'une atmosphère qui enveloppe complétement le Soleil par-dessus la partie brillante de cet astre.

**Constitution du Soleil.** — Nous avons vu que l'aspect du Soleil, les phénomènes qu'on observe sur cet astre, prouvent qu'il est gazeux, au moins en grande partie, sinon en totalité. Nous pouvons maintenant aller plus loin, et dire qu'*il est formé* :

1° *D'un noyau liquide ou gazeux,*

2° *D'une enveloppe brillante ou photosphère,*

3° *D'une atmosphère de gaz incandescents, mais plus particulièrement d'hydrogène.*

Les parties sombres des taches nous révèlent la surface interne, et les protubérances, l'atmosphère. Entre les deux est la surface brillante ou *photosphère*. Il est bon d'observer toutefois que les diverses parties du Soleil ne sont pas nettement séparées les unes des autres comme le sont par exemple la chair et la peau d'un fruit. L'atmosphère est une enveloppe gazeuse incandescente qui laisse voir la photosphère.

**Lumière zodiacale.** — Dans les régions voisines de l'équateur, on peut voir, une heure après le coucher du soleil, un magnifique phénomène lumineux, qu'on nomme *lumière zodiacale*. C'est une lueur immense en forme de triangle curviligne très-allongé dont la pointe s'élance vers le ciel et dont la base est à l'horizon. La lumière en est douce et rappelle celle de la Lune. Elle brille un instant de tout son éclat, puis elle semble descendre graduellement au-dessous de l'horizon, s'éteint peu à peu et finit par s'effacer complétement.

On a conjecturé avec raison que la lumière zodiacale est due à un amas considérable de poussière cosmique formée de fragments innombrables de toutes les grosseurs. Cette poussière est illuminée par le Soleil comme les corpuscules répandus dans l'air par le rayon de soleil qui pénètre dans une chambre obscure.

La forme en pyramide élancée s'explique en admettant que le Soleil occupe le centre d'une immense nuée de poussière ayant la forme d'une lentille, c'est-à-dire d'un disque aminci vers les bords. Nous voyons la nuée par côté, aussi est-elle terminée en pointe ; mais nous n'en voyons que la moitié, l'autre pointe nous est cachée, et d'une pointe à l'autre on ne compte pas moins de 60,000,000 de lieues.

**Avenir probable du Soleil.** — Le Soleil répand sa chaleur dans l'espace, mais l'espace ne lui renvoie rien. Sans autre raison que celle-là, on peut conclure qu'il se refroidit. Ce que nous savons de l'histoire de la Terre nous permet de supposer qu'elle s'est refroidie, qu'elle a été plus chaude, en fusion, gazeuse, en un mot un soleil à l'origine. Dès lors on peut prévoir que la température du Soleil s'abaissera de plus en plus. De gazeux, il deviendra liquide, puis solide. Enfin il se couvrira d'une croûte semblable à la croûte terrestre, en un mot, il deviendra une planète. Ainsi, tandis qu'en remontant dans le passé, on découvre l'origine solaire de la Terre, en descendant *on prévoit l'avenir terrestre du Soleil.*

### RÉSUMÉ.

Le Soleil est un corps sphérique qui se trouve à 38,000,000 de lieues de la Terre.

Son diamètre est 110 fois plus grand que celui de la Terre, et son volume, 1,300,000 fois plus grand.

Sa masse est 350,000 fois plus grande que celle de la Terre ; la pesanteur y est 28 fois celle de notre globe.

Les taches sont des parties relativement sombres du Soleil, variables de formes et de dimensions ; plus ou moins nombreuses et répandues seulement dans le voisinage de l'équateur solaire.

Elles se meuvent, et leur mouvement a permis de connaître celui du Soleil dont la durée est de 25 jours.

Les facules sont des parties de la surface du Soleil plus brillantes que le reste de cette surface.

La surface du Soleil offre l'aspect d'un fond noir couvert de points lumineux.

Les protubérances sont des masses nuageuses de formes et de dimensions variées, d'une couleur rose, qui tantôt adhèrent au Soleil, tantôt sont détachées et flottantes. Elles font partie de l'atmosphère solaire et sont principalement composées d'hydrogène incandescent.

Le Soleil est formé d'une masse liquide ou gazeuse, enveloppée sur une faible épaisseur de la matière lumineuse nommée Photosphère, dont la superficie est recouverte d'une atmosphère de gaz incandescents de laquelle les protubérances font partie.

La lumière zodiacale est due à l'illumination par le Soleil des corpuscules dont cet astre est entouré.

Le Soleil se refroidit, et on peut dire qu'il s'éteindra un jour.

# III. — LA TERRE

## I. — FORME DE LA TERRE.



**La Terre est une planète.** — Il semble, au premier abord, que la Terre n'ait rien de commun avec les autres corps célestes. Elle ne possède ni l'éclat ni la chaleur du Soleil, et elle ne paraît pas lumineuse à la manière de la Lune et des planètes. Mais l'éclat des planètes, on le sait, est emprunté ; il est dû à la lumière solaire qui se réfléchit à leur surface. Or, on ne saurait douter que non-seulement la Terre ne réfléchisse les rayons du Soleil, mais encore ne passe par les mêmes phases que son satellite. La surface de la Lune n'est pas plus unie que celle de la Terre : les planètes nous apparaissent comme des lunes éloignées ; nous sommes donc autorisés à croire que la Terre fait partie des planètes.

Si la Terre est une planète, elle est sans doute ronde et isolée dans l'espace comme les autres. C'est ce dont nous allons nous assurer.

**Rondeur de la Terre.** *Première preuve.* — Nous l'avons déjà dit plus haut : imaginons que, montés au haut d'une tour, nous jetons les yeux autour de nous : la Terre nous apparaît sous la forme d'un cercle dont nous occupons le centre. Élevons-nous en ballon afin de nous éloigner davantage de la Terre, à mesure que la distance augmentera, l'horizon s'étendra, c'est-à-dire que le cercle au centre duquel nous nous trouvons deviendra de plus en plus grand. Mais nous ne saurions nous éloigner assez pour pouvoir embrasser la terre d'un coup d'œil et la voir comme nous voyons le Soleil et la Lune·

**Bornons-nous donc à constater :**

*1° Que la partie visible de la surface de la Terre a toujours la orme d'un plateau circulaire dont nous occupons le centre ;*

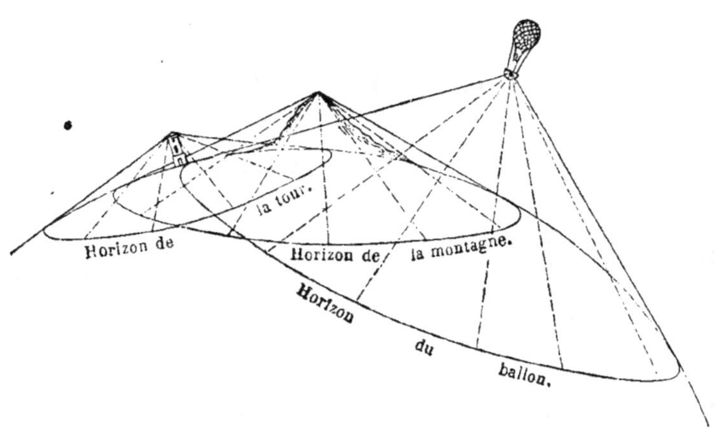


Fig. 17. — Horizons divers.

*2° Que le plateau est d'autant plus étendu que le point de vue est plus élevé.*

Ce n'est pas là un fait particulier : du haut de la tour Saint-Jacques, à Paris, tout aussi bien qu'au sommet d'un autre édifice ; sur une des collines qui environnent la capitale ou sur une montagne quelconque on voit toujours au-dessous de soi un plateau, plus ou moins étendu selon la hauteur du point d'observation, limité par une circonférence dont on occupe le centre. — Pendant qu'un ballon est transporté dans les airs, et que les divers pays se déroulent pour ainsi dire sous les yeux de l'aéronaute, celui-ci aperçoit toujours au-dessous de lui le plateau terrestre circulaire.

Disons en passant que le tour de ce plateau porte le nom d'*horizon visuel*.

La Terre est donc un corps qui se présente sous l'aspect d'un cercle de quelque point qu'on l'observe. Il n'en peut être ainsi que d'une boule ou sphère.

*Deuxième preuve.* — Voici d'ailleurs une autre preuve de la rondeur de la Terre. Si l'on observe un navire quittant le port et gagnant le large, on le voit tout entier tant qu'il n'a pas atteint la limite de la mer visible ou l'horizon visuel. Seu-

lement il paraît d'autant plus petit qu'il est plus éloigné.
Une fois parvenu à cette limite, il disparaît, non brusquement
et en totalité, mais graduellement de la base au sommet. C'est
d'abord le corps du navire qui semble s'abîmer sous les eaux,
puis le pont, enfin les mâts, dont l'extrémité est la dernière
partie visible. En un mot, les choses se passent comme si le
navire descendait de l'autre côté de l'horizon suivant une
pente douce.

Au contraire, lorsqu'un navire arrive au port, l'extrémité

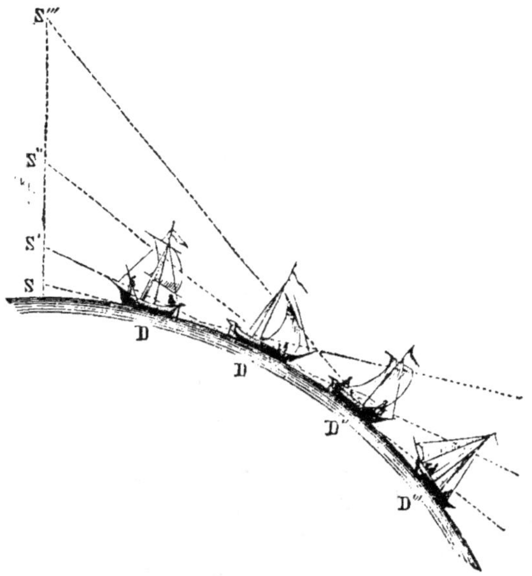


Fig. 18. — Le navire aux divers points de sa route.

de la mâture est ce que l'on voit en premier lieu, et le navire
est alors au delà de l'horizon visuel. Bientôt après apparaît
le pont, enfin le navire se montre en entier. On dirait qu'il
gravit une pente.

Ainsi disparaît le voyageur que nous avons vu gravir une
côte, lorsqu'il descend le versant opposé; ainsi se découvre
peu à peu celui qui monte ce même versant en se rapprochant
de nous.

En tout lieu, sur le rivage de la mer, les choses se passent
de la même manière.

*La surface de la mer est donc arrondi*, mais la terre ferme
a-t-elle la même forme? — Oui. Il suffit, pour s'en convaincre,
de remonter un fleuve à partir de son embouchure. C'est,

pour ainsi dire la mer qui étend des rameaux dans l'intérieur des terres; aussi le flux et le reflux se font-ils sentir jusque bien avant dans les fleuves. Dans la Gironde, par exemple, bien au delà de Bordeaux ; dans la Seine, jusqu'à Rouen. C'est donc par une pente graduelle, et particulièrement douce près de l'embouchure, qu'un fleuve s'avance vers la mer. Dans les contrées montagneuses seulement, près de sa source, le fleuve coule quelquefois dans une vallée profonde, — comme le Rhône en Suisse, — ou franchit par une chute une grande différence de niveau, — comme le Rhin à sa chute, — mais ce sont là des faits accidentels. En effet, les montagnes ne constituent pas l'ensemble de la surface du globe. Les rives d'un fleuve sont toujours peu élevées au-dessus de son niveau, ainsi que le prouvent malheureusement les inondations fréquentes.

Si donc le fleuve peut être regardé comme le prolongement de la mer, et si la surface des terres voisines est pour ainsi dire parallèle à celle du fleuve, on est en droit de conclure que la forme de la Terre est la même que celle de la mer, c'est-à-dire que la Terre est ronde dans son ensemble, mers et continents.

*Troisième preuve*. — Tout le monde n'habite pas les bords de la mer, mais tout le monde peut être témoin d'une éclipse de Lune. On voit alors la surface de la Lune, alors dans son plein,

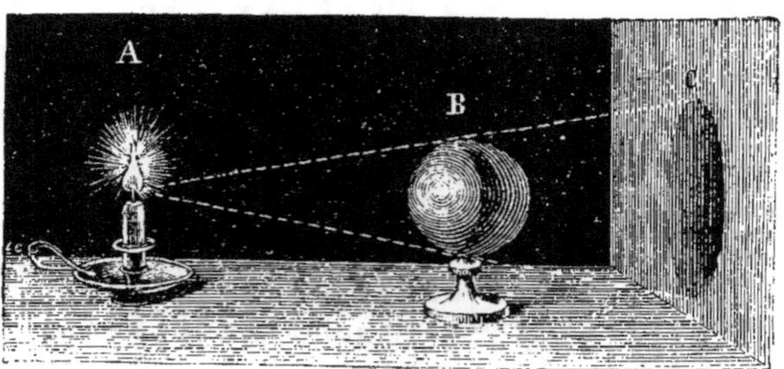

Fig. 19. — Ombre d'un corps rond.

progressivement envahie par l'ombre que projette la Terre. Or, cette ombre est ronde; elle produit sur le disque lunaire une échancrure courbe qui va en croissant et reste toujours circulaire. Une ombre semblable ne peut être projetée que par un corps rond.

*Quatrième preuve*. — On peut considérer comme une quatrième preuve les changements que l'on constate dans l'aspect du ciel lorsqu'on voyage : de nouvelles constellations s'offrent à nos yeux tandis que d'autres cessent d'être visibles; c'est ainsi que les choses doivent se passer pour un

Fig. 20. — Aspects de la Lune éclipsée.

observateur qui marche sur un corps rond, et qui voit au-

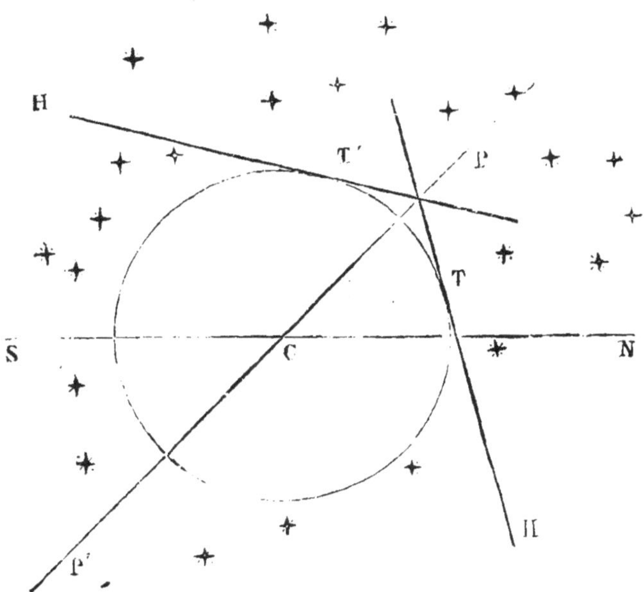

Fig. 21. — Divers aspects du ciel répondant aux divers horizons (1).

dessus de sa tête des portions diverses de l'espace céleste.

*Cinquième preuve.* — Enfin nous donnerons comme der-

(1) HT, horizon du point T ; H'T', horizon du point T'.

nière preuve les voyages accomplis par certains navigateurs qui s'avançant dans une direction constante, traversant les mers, tournant les côtes lorsqu'elles font obstacle, reviennent au point d'où ils étaient partis, comme un insecte qui ferait le tour d'une orange en marchant toujours droit devant lui sans se détourner. Un des plus célèbres voyages entrepris dans ce sens est celui du portugais Magellan.

**Aplatissement de la Terre aux pôles.** — La rondeur de la Terre n'est pas parfaite. En deux points diamétralement opposés, et qu'on nomme les *pôles terrestres*, elle est légèrement aplatie ; à égale distance de ces points, sur tous points de la circonférence, elle est légèrement renflée, mais ces imperfections relatives sont si peu importantes qu'on peut admettre que la Terre est sphérique. La différence entre le plus grand rayon et le plus petit n'est guère que de $\frac{1}{300}$. De sorte que le plus grand rayon étant figuré par une ligne de 3 mètres, le plus petit sera de 2$^m$,99.

**Pôles ; Axe.** — Pour définir les pôles, il nous faut empié·ter sur les chapitres qui suivront, et dire que la Terre tourne sur elle-même comme une toupie. Ce sont les points qui ré·pondent à la tête et à la pointe de la toupie et qui ne tournent pas, qu'on nomme *pôles*.

Si l'on imagine une ligne allant d'un pôle à l'autre à travers la Terre, cette ligne est l'*axe* de la Terre autour duquel elle tourne.

**Méridiens ; Équateur ; Parallèles.** — On peut supposer à la surface de la Terre des circonférences passant par les deux pôles et analogues aux sillons qui séparent les tranches d'une orange : ce sont les *méridiens*. Mais, tandis que dans l'orange les sillons existent réellement, et en nombre limité, les méridiens sont des lignes fictives et en nombre quelconque.

Concevons maintenant une circonférence en travers des méridiens et dont tous les points se trouvent à égale distance des pôles, on aura l'*Équateur*. Cette nouvelle ligne partage la Terre en deux hémisphères ayant chacun un pôle en son milieu. Celui où se trouve la France est l'*hémisphère nord* et le pôle correspondant, le *pôle nord*. Naturellement l'autre est l'*hémisphère sud* et le pôle qui s'y trouve, le *pôle sud*.

Enfin, une série de circonférences parallèles à l'équateur, de plus en plus petites à mesure qu'elles sont plus près des pôles, portent le nom de *parallèles*. Leur nombre est indéterminé.

Méridiens et parallèles s'entre-croisent et forment un réseau imaginaire, une sorte de filet jeté sur le globe. On peut déjà en prévoir l'utilité pour la construction des globes terrestres destinés à représenter la Terre avec les continents, les mers, les chaînes de montagnes, les fleuves, les pays, les villes, etc. En effet, un point de la surface du globe sera déterminé par

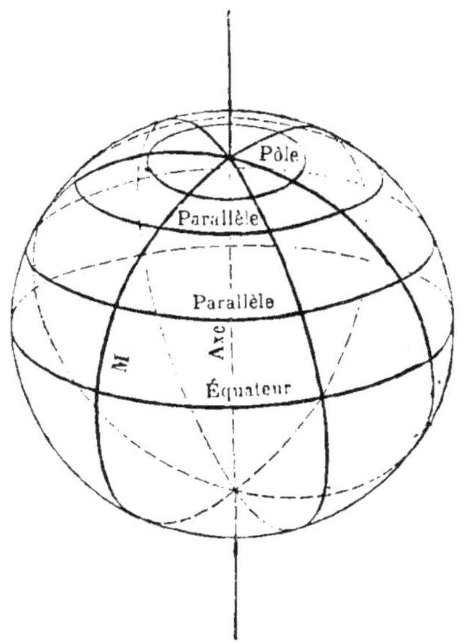


Fig. 22. — Pôles, Axe, Cercles de la Terre.

le point de rencontre du méridien et du parallèle passant par ce point.

Il faut donc choisir un point quelconque sur l'Équateur ou le méridien qui passe par ce point (*premier méridien*) à partir duquel on évalue la distance aux divers méridiens. — En France, c'est le méridien qui passe par l'Observatoire, à Paris. — Cet intervalle se compte sur l'Équateur ou sur le parallèle du point qu'on veut déterminer, et s'estime en degrés, minutes et secondes ; c'est la *longitude* (1) de ce point. Elle est à l'*Est* ou à l'*Ouest*, et comprise entre 0° et 180°. La *latitude* (2) est l'intervalle compris entre le parallèle du point et l'Équateur, compté sur le méridien de ce point, et ex-

(1) De *longitudo*, longueur. Cette dénomination et celle de latitude nous vien-nent des anciens qui connaissaient de la Terre une partie seulement, laquelle était plus longue dans le sens de la longitude.
(2) De *latitudo*, largeur.

primé en degrés, minutes et secondes. La latitude est *Nord* ou *Sud,* et comprise entre 0° et 90°.

La latitude de Paris est de 48° 50' 49", nord, au Panthéon.
La longitude de Paris est 0°, à l'Observatoire.

**Dimensions de la Terre.** — La longueur d'un méridien ou de l'équateur nous donne ce qu'on appelle communément le tour du monde, c'est-à-dire la circonférence de la Terre. Il n'est pas nécessaire, pour l'évaluer, de la mesurer en entier, il suffit de connaître la longueur d'un degré et de la répéter 360 fois.

On trouve ainsi que le méridien contient 40,000,000 de mètres.

Soit 10000 lieues de quatre kilomètres.
   9000    »    terrestres  (4444 mètres) (1).
   7200    »    marines    (5555 mètres).

Le diamètre de la Terre est de 12,732 kilomètres ou environ 3,100 lieues, et par conséquent le rayon est de 6,366 kilomètres ou 1,600 lieues.

La surface de notre globe est de 500,000,000 de kilomètres carrés ; c'est environ 1000 fois celle de la France. Les trois quarts de cette étendue sont occupés par les mers. Enfin, la densité de la Terre est en moyenne égale au nombre 5 ; ce qui signifie qu'un bloc de terre pèse cinq fois plus que le même volume d'eau, ou, si l'on veut, que la Terre pèse cinq fois plus qu'un globe d'eau de même grandeur.

**Remarque.** — On pourrait croire que les reliefs montagneux et les inégalités des continents altèrent la rondeur de la Terre. Il n'en est rien. Les parties les plus élevées des chaînes de montagnes ne dépassent guère huit kilomètres ou deux lieues ; il en est ainsi de quelques pics de l'Himalaya. — En Europe le mont Blanc, qui est le point le plus élevé, a 4,815 mètres de hauteur. Mais en admettant même la limite extrême de deux lieues, cela ne fait que la 800° partie environ du rayon de la Terre. Ce n'est donc pas à la peau d'une orange qu'il faut comparer la surface de notre globe, car les aspérités qu'elle présente sont incomparablement plus grandes relativement aux dimensions de ce fruit que les rugosités de la croûte terrestre. A plus forte raison, les vagues de la mer et les inégalités de niveau produites par les marées ne

(1) La lieue terrestre est la 25° partie du degré de latitude. La lieue marine en est la 20° partie.

sauraient modifier la surface sphérique des mers. La multitude des petites vague qui rident la surface d'une pièce
d'eau, lorsque souffle un vent léger, sont bien plus élevées,
toute proportion gardée, que celles de la mer. Cependant la
surface de l'eau est suffisamment plane et unie. On peut
donc tout au plus comparer la surface de la Terre à celle de
la coquille d'un œuf.

**Verticale; Zénith, Nadir.** — Les corps abandonnés
à eux-mêmes tombent à la surface de la Terre. La direction
qu'ils suivent dans leur chute est telle que, si on la prolon-
geait, elle passerait par le centre de la Terre. Cette direction
porte le nom de *verticale* ; on l'obtient à l'aide d'un fil à plomb.
Toute ligne perpendiculaire à la verticale est une horizontale. Le plan perpendiculaire est dit *plan horizontal* ; c'est la
surface d'une nappe d'eau peu étendue.

Si l'on imagine la verticale d'un lieu prolongée indéfiniment dans les deux sens, elle rencontre la sphère céleste en

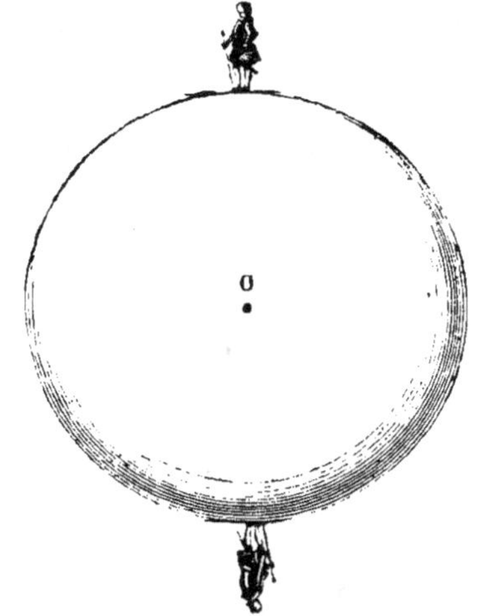

Fig. 23. — Les antipodes ; le zénith de l'un est le nadir de l'autre.

deux points, l'un au-dessus de la tête de l'observateur, c'est
le *Zénith* (1) ; l'autre, diamétralement opposé, est le *Nadir* (2).
Pour deux points placés aux extrémités d'un même diamètre
de la Terre, la verticale, qui n'est autre que ce diamètre, est
la même, et dès lors le zénith de l'un se trouve être le nadir

(1) De l'arabe *semt*, le point sous-entendu d'en haut.
(2) De l'arabe *nadhara*, vis-à-vis (par opposition à Zénith).

de l'autre. Les habitants en ces points sont les uns par rapport aux autres comme l'indique la figure, c'est-à-dire qu'ils sont opposés par les pieds ; d'où le nom d'antipodes (1).

**Constitution de la Terre ; Atmosphère** (2). — La surface de la Terre n'offre pas partout le même aspect. La nature vivante diffère dans les diverses contrées, mais le sol est composé des mêmes matériaux, dont la disposition varie aussi bien que la quantité pour les divers points du globe. Dans l'épaisseur de la croûte, on voit ces matériaux disposés par couches comme les dépôts formés par les eaux. D'autres masses minérales sans formes déterminées les traversent dans des directions diverses comme si elles avaient été poussées du dedans au dehors. C'est bien l'eau des mers qui a déposé les premières ; c'est le feu qui a fait surgir les autres. Ainsi l'eau et le feu ont concouru et concourent encore à la formation du globe.

L'élévation de la température qu'on observe à mesure qu'on pénètre dans le sol, les sources thermales, les volcans, les tremblements de terre prouvent l'existence d'une chaleur propre de la Terre.

« Si l'on remonte par la pensée à travers les âges, on est tout naturellement amené à penser que la croûte terrestre, d'ailleurs très-mince, n'a pas toujours existé, et qu'à une époque éloignée la Terre a dû être en fusion. C'est ce que prouve en effet sa forme légèrement aplatie aux deux pôles et renflée à l'équateur. »

Avec les siècles, elle s'est refroidie peu à peu : une croûte s'est formée, d'abord brûlante ; l'atmosphère était alors chargée de gaz et de vapeurs diverses. La croûte s'est refroidie, les vapeurs se sont déposées, l'atmosphère s'est épurée, elle est devenue l'air que nous respirons. On y trouve 21 litres d'oxygène et 79 litres d'azote pour 100, plus de très-petites quantités de vapeur d'eau, d'acide carbonique et de tous les corps susceptibles d'être réduits en vapeur à une température peu élevée.

L'atmosphère forme autour de la Terre une enveloppe d'une hauteur d'environ soixante kilomètres. Comme l'air est pesant, compressible et élastique, la portion voisine du sol est la plus comprimée et partant la plus lourde ; à mesure qu'on s'élève, l'air se raréfie de plus en plus.

Cette masse d'air exerce en chaque point une pression

(1) Du grec *anti*, opposé, et *pous*, *podos*, pieds.
(2) Voir les *Premières notions de physique* et celles *d'Histoire naturelle*.

nommée pression atmosphérique, qui équivaut à 100 kilogrammes environ sur une étendue d'un décimètre carré.

Les rayons du Soleil peuvent traverser l'atmosphère et arriver à la Terre qu'ils échauffent, mais la Terre perd diffi-
cilement cette même chaleur, grâce à l'atmosphère qui la
protége en agissant comme une sorte d'édredon.

Pendant qu'ils traversent l'astmosphère, les rayons solaires
subissent des réflexions et des *réfractions*. Ils ne nous arrivent
pas en ligne droite, mais dans une direction plus ou moins
courbe. Il en résulte l'apparition progressive de la lumière,
le matin avant le lever du Soleil, et sa disparition également
progressive après le coucher de cet astre. Il en résulte en-

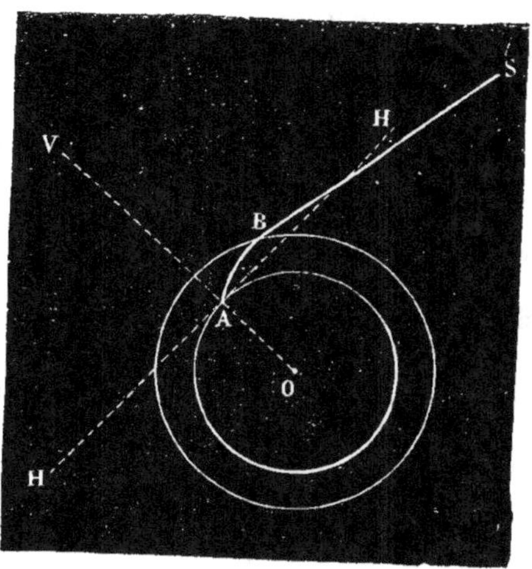


Fig. 24. — Marche d'un rayon lumineux venant du Soleil et traversant
l'atmosphère (*).

core que nous voyons le Soleil un peu avant son lever et
un peu après son coucher, que, excepté au zénith, nous ne
voyons jamais les corps célestes dans le point du ciel qu'ils
occupent en réalité. Enfin, c'est en partie à l'atmosphère
qu'est due la scintillation des étoiles.

### RÉSUMÉ

La Terre est une planète.
La rondeur de la Terre se prouve :
1° Par la forme circulaire de l'horizon ;

(*) OAV, verticale ; HAH, horizontale ; SBA, rayon solaire.

2° Par l'apparition des navires à l'arrivée et leur disparition au départ ;

3° Par la forme de l'ombre de la Terre dans les éclipses de Lune ;

4° Par les variations dans l'aspect du ciel ;

5° Par les voyages autour du monde.

La Terre est aplatie aux pôles et renflée à l'équateur ; la valeur de l'aplatissement est $\frac{1}{300}$ du rayon.

Les pôles sont les extrémités de l'axe ; l'axe est la ligne imaginaire autour de laquelle la Terre effectue son mouvement de rotation.

Les méridiens sont des cercles qui passent par les pôles ; l'équateur est le cercle qui leur est perpendiculaire et dont tous les points sont à égale distance des pôles ; les parallèles sont des cercles de grandeurs variées et parallèles à l'équateur.

La Terre a 40,000 kilomètres de tour ; son diamètre est de 12,732 kilomètres ou 3,100 lieues environ, son rayon de 6,366 kilomètres ou 1,600 lieues ; sa surface, dont les trois quarts sont occupés par la mer, vaut environ 1,000 fois celle de la France ; sa densité est cinq fois celle de l'eau.

Une verticale est une ligne dont la direction passe par le centre de la Terre ; les points où elle rencontre la sphère céleste sont le zénith, au-dessus de la tête de l'observateur ; et le nadir à l'extrémité opposée.

La Terre a été primitivement en fusion. Sa croûte est formée de matériaux divers, les uns d'origine ignée, les autres d'origine aqueuse. Elle possède une chaleur propre.

Autour de la Terre se trouve l'atmosphère qui exerce sur elle une pression de 100 kg. environ par décimètre carré. Elle réfléchit et réfracte les rayons lumineux et produit ainsi le crépuscule du matin et du soir et le déplacement apparent des astres.

## II. — MOUVEMENTS DE LA TERRE.

### § 1. — MOUVEMENT DE ROTATION.



**La terre tourne sur elle-même.** — Si la Terre tourne sur elle-même, comment se fait-il que nous ne la sentions pas tourner ? Telle est la première question qu'on se pose. Il est aisé d'y répondre : pour sentir la Terre tourner, il faudrait à certains moments qu'elle fût immobile. Autrement, comment faire la différence entre la Terre en repos et la Terre en mouvement ? Or, depuis que nous l'habitons, elle a toujours tourné, et nous avec elle, car nous partageons tout naturellement son mouvement.

Mais, dira-t-on, ne sent-on pas le mouvement d'une voiture dans laquelle on se trouve ? D'où vient qu'il n'en est pas de même du mouvement de la Terre ? A cela nous répondrons que la voiture roule sur un sol plus ou moins raboteux et qu'il en résulte des cahots plus ou moins rudes. Aussi s'aperçoit-on d'autant moins du mouvement que la route est plus unie et la voiture mieux suspendue. En chemin de fer, il arrive souvent qu'au départ ou à l'arrivée, la marche étant relativement lente et par suite le mouvement très-doux, on attribue à un train voisin et immobile le mouvement du train où l'on se trouve, et, tandis qu'on marche dans un sens, on croit que c'est l'autre train qui va en sens contraire. L'illusion est plus complète encore si l'on descend un cours d'eau dans un bateau que le courant seul entraîne : on croit alors voir fuir les rives tant le mouvement du bateau est peu sensible.

Si donc on ne s'aperçoit du mouvement d'un véhicule qu'autant qu'il rencontre des obstacles contre lesquels il se heurte, on ne saurait sentir le mouvement de la Terre qui est isolée dans l'espace comme tous les corps célestes, et dès lors tourne librement.

Une autre question se présente. Si l'on ne sent pas la Terre tourner, comment sait-on qu'elle tourne ? — C'est par le raisonnement qu'on a été conduit à l'admettre ; on continue à dire que le soleil se lève et se couche chaque jour, ce n'est là qu'une apparence ; on parle de la marche du soleil et on n'ignore pas qu'il ne s'agit pas d'un mouvement réel. Il n'y a donc pas lieu d'être étonné qu'on ait cru longtemps que le Soleil et tous les corps célestes tournaient autour de la Terre immobile. Tout le monde aujourd'hui admet que la Terre se meut, que les mouvements des astres ne sont que des apparences, comme celui des rives dans l'exemple cité plus haut ; mais tandis qu'on s'assure facilement que le bateau est en mouvement, et que l'illusion ne persiste pas, c'est sur la foi des astronomes au contraire qu'on croit au mouvement de la Terre, ainsi qu'on va le voir par les preuves que nous allons donner. Il convient d'abord de décrire les mouvements apparents avant de prouver qu'ils sont apparents.

**Mouvement diurne ou journalier.** — Chaque jour le Soleil se *lève* et se *couche*, c'est-à-dire que nous le voyons apparaître en un point de l'horizon et disparaître en un autre, absolument comme s'il sortait de la Terre et y rentrait. De son lever à son coucher il semble décrire une demi-circonférence, s'élevant d'abord progressivement jusqu'au point le plus haut de sa route, puis descendant graduellement jusqu'au point où il se couche. La Lune est animée du même mouvement.

Le mouvement des étoiles est moins connu, bien qu'il ne soit pas plus difficile à observer, parce qu'on y fait peu attention ; cela tient d'une part à ce que les étoiles sont relativement très-petites et, d'autre part, à ce qu'on ne peut observer leur mouvement que pendant la nuit. On peut les voir se lever, décrire leur courbe, et se coucher. Il suffira d'en distinguer une en particulier, plus brillante que ses voisines, de se placer de manière à la voir dans l'alignement d'un objet terrestre, comme la cime d'un arbre ou le bord d'un toit qui servira de repère. On la verra alors se déplacer ; au bout de quelques instants, elle ne sera plus dans l'alignement. Elle continuera à s'éloigner et décrira, dans cette marche apparente, un arc de cercle plus ou moins étendu, selon la place qu'elle occupe dans le ciel.

Elle ne se meut pas seule dans le ciel : les étoiles voisines l'accompagnent dans son mouvement. Leurs positions relatives ne sont pas changées ni la forme des constellations. En un mot, c'est le ciel tout entier qui semble se déplacer, comme une immense voûte sur laquelle les étoiles seraient fixées.

Toutes les étoiles n'ont pas un lever et un coucher ; il en est qui décrivent des cercles complets, les uns très-petits, d'autres plus grands. On est donc autorisé à penser que celles qui ne décrivent qu'une portion de circonférence, de la même manière que le Soleil et la Lune, achèvent leurs cercles au-dessous de notre horizon, et par conséquent que toutes décrivent des cercles.

**Preuves du mouvement de rotation de la Terre.** — On a longtemps cru que les mouvements dont nous venons de parler étaient réels, et, au premier abord, rien ne peut faire soupçonner qu'il en soit autrement. Les apparences sont en effet les mêmes, qu'on admette le ciel tournant autour de la Terre supposée fixe, ou la Terre tournant sur elle-même en sens inverse de la rotation du ciel. On peut donc croire indifféremment au mouvement de la Terre ou à celui du ciel. Voyons ce qu'il y a de plus vraisemblable.

Comment admettre d'abord que le Soleil tourne autour de la Terre ? Ce serait le plus petit et le plus léger des deux corps, — et combien de fois plus petit et plus léger ! — qui assujettirait l'autre. Autant dire qu'un homme pourrait faire tourner une montagne à l'extrémité d'une ficelle, en guise de fronde.

Est-il possible d'admettre que les étoiles en nombre infini qui peuplent le ciel, et qui sont autant de soleils distribués dans l'espace, non-seulement tournent autour d'un grain de sable comme la Terre, mais présentent dans leurs mouvements une telle concordance que, malgré la variété infinie des distances et des grandeurs, leurs positions relatives restent les mêmes.

Nous pourrions ajouter d'autres raisons, mais celles qui précèdent nous semblent suffire (1). Car, du moment que les apparences restent les mêmes, soit qu'on admette le mouvement du Ciel autour de la Terre, soit qu'on admette celui de la Terre sur elle-même, il ne s'agit plus que de décider entre deux explications, l'une simple, claire et qui rend facilement

_______________

(1) Voir dans les *premières notions de Physique* les chapitres consacrés au *Pendule* et au *Vent.*

compte de tous les phénomènes, l'autre compliquée, invraisemblable et obscure sur bien des points.

D'ailleurs à mesure que nous avancerons dans l'étude des phénomènes célestes, la rotation de la Terre deviendra de plus en plus évidente et celle du ciel de moins en moins probable.

La Terre tourne donc sur elle-même en sens inverse du mouvement que nous attribuons au soleil, c'est-à-dire d'occident en orient.

**Méridienne ; Plan méridien.** — Nous pouvons maintenant étudier plus complétement le mouvement diurne. Reprenons l'observation des étoiles où nous l'avons laissée. Imaginons qu'on mène deux lignes du lieu où l'on se trouve aux points de l'horizon qui répondent au lever et au coucher d'une même étoile. On obtient ainsi un angle. Menons la bissectrice (1) de cet angle. Recommençons la même opération avec d'autres étoiles, et chaque fois, menons la bissectrice de l'angle obtenu ; nous reconnaîtrons que cette bissectrice est la même pour tous les angles, c'est-à-dire que si un certain intervalle sépare les levers de deux étoiles, le même intervalle sépare leurs couchers, en d'autres termes, les arcs qu'elles décrivent sont parallèles.

Cette bissectrice porte le nom de *méridienne*, on peut la tracer à la surface de la Terre ; si on la suppose prolongée, elle fera le tour de la Terre en passant par les pôles. La méridienne d'un lieu est donc une portion du méridien de ce lieu.

Imaginons un plan vertical, une sorte de mur sur tout le trajet de la méridienne, ce *plan méridien* partage évidemment la course des astres en deux parties égales. Il s'écoulera le même temps du lever de l'étoile au moment où elle atteindra le plan que de ce moment à son coucher. Lorsque l'étoile passera dans le plan, son *passage* sera le point le plus élevé de sa course, le *point culminant*.

**Détermination des Pôles.** — Nous sommes maintenant en mesure de fixer la position des pôles dont il a déjà été question plus haut. Il suffira d'observer une des étoiles qui ne se couchent ni ne se lèvent, qui décrivent une circonférence complète dans le ciel et restent constamment visibles. Celles-là passent deux fois dans le plan méridien, elles

---

(1) Du latin *bis*, deux fois, et, *secare*, diviser, parce que cette ligne divise l'angle en deux parties égales.

ont deux passages, un *passage supérieur*, et un *passage inférieur*, qui répondent au plus haut et au plus bas point de
leurs parcours.

Ayant déterminé ces deux points et divisé l'intervalle qui
les sépare en deux parties égales, on obtiendra la direction
de l'axe du monde qui est en même temps l'axe autour duquel tourne la Terre, et semblent tourner tous les corps célestes.

**Étoile polaire.** — Les étoiles décrivent des cercles d'autant plus petits qu'elles sont près de l'axe, et leurs deux
passages sont alors d'autant plus rapprochés. S'il se trouvait

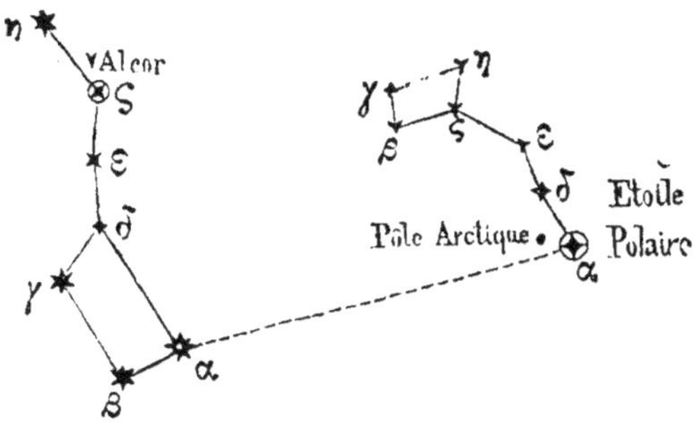


Fig. 25. — Grande Ourse et petite Ourse.

une étoile dans la direction même de l'axe, elle serait immobile. Celle qui s'en trouve le plus près, et qui pour cette
raison a reçu le nom de *polaire*, est l'étoile qui occupe l'extrémité de la petite Ourse.

**Les étoiles sont à des distances immenses.** — Quel
que soit le point du globe où l'on fait les observations, on
trouve toujours les mêmes apparences. Partout les mêmes
étoiles exécutent les mêmes mouvements et l'axe du monde
est le même. Or, il est évident que ce ne saurait être la même
ligne qui va de Paris ou de Vienne à la même étoile. Ce sont
bien en réalité des lignes différentes. Si donc elles se confondent, cela tient à ce que la distance qui sépare Paris de
Vienne ou de tout autre point pris à la surface de la Terre,
n'est rien en comparaison de celles qui séparent ces deux
villes d'une étoile. L'étoile la plus voisine de nous est à une
distance au moins égale à deux milliards de fois le diamètre
de la Terre.

**Points cardinaux.** — Le pôle qui répond à l'étoile polaire est celui que nous avons déjà nommé *Pôle Nord*. Lorsqu'on a ce pôle en face de soi, le *Sud* est derrière, l'*Est* à droite, et l'*Ouest* à gauche.

Une seule de ces directions permet de déterminer toutes les autres, et, partant, de s'orienter. Pendant le jour, le Soleil fera connaître l'orient ou l'occident. Pendant la nuit, si le ciel est serein, l'étoile polaire fera connaître le nord. En tout temps et en tout lieu la boussole permettra de s'orienter.

Ces quatre points portent le nom de *cardinaux* (1) ou principaux ; il en existe d'intermédiaires. L'ensemble de toutes les directions constitue la *rose des vents*.

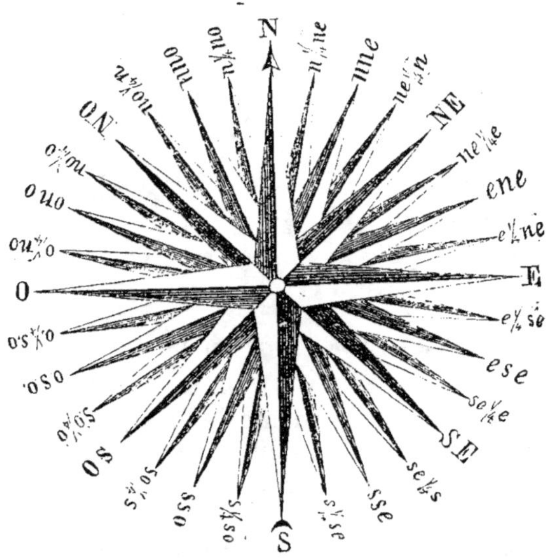

Fig. 26. — Rose des vents.

**Jour sidéral** (2). — Le temps employé par chaque étoile à décrire son mouvement apparent, c'est-à-dire le temps qui s'écoule entre le moment où une étoile se trouve dans le plan méridien et le moment le plus prochain où elle y revient, se nomme *jour sidéral*. Si le lever d'une étoile est observé rigoureusement au même point de l'horizon, on peut encore compter le jour sidéral d'un lever à un autre.

Le déplacement des étoiles est uniforme ou, si l'on veut,

(1) Du latin *cardo, gond*, parce que toute orientation *repose* et *tourne* autour de ces points comme une porte sur ses gonds.
(2) Du latin *sidus*, étoile.

leur vitesse est constante. On s'en assure facilement en observant la marche de ces astres une montre à la main. Cela signifie que la Terre tourne d'une manière régulière, et puisqu'elle fait un tour complet ou 360° en un jour sidéral, elle fait la 24ᵉ partie de son tour, soit 15° pendant la 24ᵉ partie du jour sidéral. Cette 24ᵉ partie est *l'heure sidérale* qu'on divise en 60 *minutes sidérales*, divisées à leur tour en 60 *secondes sidérales*.

Bien que les divisions du temps dont nous faisons usage diffèrent de celles dont nous venons de parler, la différence est si faible que nous pouvons admettre que les jours, heures, minutes et secondes sidérales sont celles qu'indiquent nos horloges. Nous allons voir bientôt la raison de cette différence.

### RÉSUMÉ

La Terre tourne sur elle-même, librement, dans l'espace, sans rencontrer d'obstacles, et par conséquent son mouvement n'est révélé que par le mouvement apparent des astres. On prouve que c'est bien la Terre qui tourne et non les corps célestes :

1° Par les faibles dimensions relatives de notre globe ;

2° Par la concordance des mouvements des étoiles malgré les dimensions de ces astres, la grandeur de la distance qui nous en sépare et leur inégal éloignement de nous.

La méridienne est une ligne qui va du point où l'on se trouve au point de l'horizon qui est à égale distance du lever et du coucher d'une même étoile.

Le plan méridien est un plan vertical passant par la méridienne, il divise la course des étoiles en deux parties égales.

Les pôles sont les extrémités de l'axe autour duquel tourne la Terre, et semblent tourner les corps célestes. Nous ne voyons qu'un des pôles célestes : le pôle nord, l'étoile polaire est, de toutes les étoiles, celle qui en est le plus près.

Les points cardinaux servent à fixer les directions à la surface de la Terre.

Le jour sidéral est la durée du mouvement diurne ou journalier.

## § 2. — MOUVEMENT DE TRANSLATION.



**Le lever et le coucher du Soleil ne sont pas des points fixes.** — Tandis que les étoiles se lèvent toujours en un même point de l'horizon, quand on les observe d'un même lieu, le Soleil, au contraire, ne se lève jamais au point où il s'est levé la veille, mais à côté, très-près, plus au nord ou au sud selon l'époque de l'année. Pendant un certain temps, on verra le lever se déplacer toujours vers le nord jusqu'à un point qu'il ne dépassera pas dans ce sens. A partir de ce point, le lever se rapprochera chaque jour du sud jusqu'à un autre point qui marquera également la limite de ses excursions.

Pendant six mois de l'année, le lever se déplace dans le sens du nord au sud; pendant les six autres mois, il marche du sud au nord. Au bout d'un an le Soleil se lève au point où il s'est levé un an auparavant.

Tout ce que nous venons de dire du lever s'applique également au coucher du Soleil.

Il suit de ce déplacement du lever et du coucher du Soleil que la grandeur de l'arc qu'il décrit varie chaque jour, qu'il s'élève plus ou moins haut dans le ciel, qu'il reste plus ou moins longtemps au-dessus de l'horizon. De là les inégalités qu'on remarque dans la durée des jours et des nuits. Un certain jour (1), l'arc décrit par le Soleil est le plus court de

---

(1) Le mot *jour* indique soit la durée totale du jour et de la nuit, c'est-à-dire celle de la rotation de la Terre ; c'est dans ce sens qu'il a été pris plus haut dans l'expression de *jour sidéral*, soit la partie de ce temps pendant lequel le Soleil est levé, et alors il est opposé à *nuit*.

l'année, c'est le plus petit jour et la plus grande nuit. Six mois après, le trajet est le plus grand, le jour le plus long et la nuit la plus courte. Au milieu de l'intervalle, c'est-à-dire environ trois mois avant ou après le plus petit, il y a un jour dont la durée est égale à celle de la nuit suivante.

**Saisons, Solstices, Équinoxes.** — L'année se trouve donc tout naturellement divisée en quatre parties de trois mois chacune environ ; ce sont là les quatre saisons, savoir :

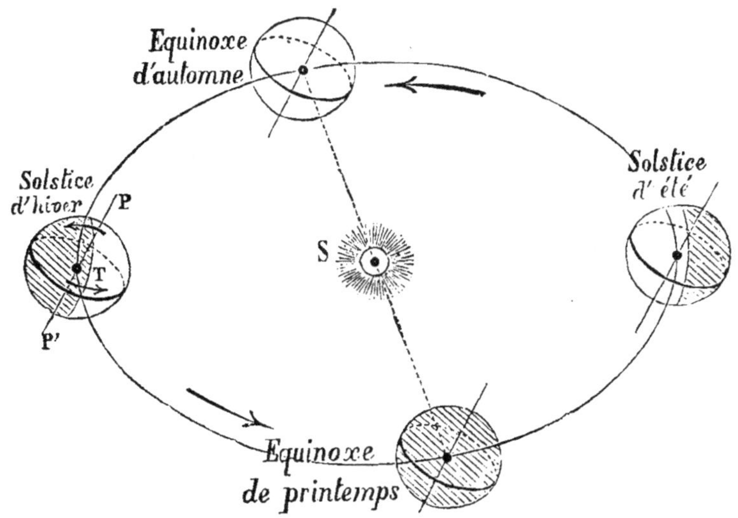


Fig. 27. — Solstices et Équinoxes.

le printemps, l'été, l'automne et l'hiver (1). Le printemps est la période pendant laquelle les jours croissent et qui commence au moment où le jour est égal à la nuit pour se terminer au plus grand jour. Les autres saisons suivent dans l'ordre où elles viennent d'être énoncées.

Le moment précis où le jour ayant cessé de décroître commence à augmenter, où le Soleil semble s'arrêter dans un de ses écarts, répond à ce qu'on nomme le *solstice* (2) *d'hiver*, c'est la fin du plus petit jour de l'année. Au plus grand jour

---

(1) Printemps vient de *primus*, premier, et *tempus*, temps.

Été, de *œstas*, qui a la même signification ; même origine que *œstus*, chaleur.

Automne, de *automnus*, qui lui-même a pour racine *augeo*, *auctum* et qui signifie *augmenter*. C'est la saison des fruits et, partant, de l'augmentation des richesses.

Hiver, de, *hibernus*, qui a la même signification.

(2) Du latin *sol*, soleil, *stat*, s'arrête.

correspond un autre solstice, celui d'été. Un intervalle de six mois les sépare.

Le moment qui marque le milieu de cette période de jours croissants, c'est-à-dire où les jours, d'abord plus petits que les nuits, vont devenir plus grands, répond à l'*équinoxe* (1) *du printemps*. Un autre équinoxe divise en deux parties égales la période des jours décroissants, c'est l'*équinoxe d'automne*. Les jours qui précèdent et ceux qui suivent chaque équinoxe durent à fort peu près douze heures, et les nuits sont par conséquent de douze heures. De là, le nom d'*Équinoxe*.

Ainsi chaque saison est comprise entre un équinoxe et un solstice. Le printemps est compris entre l'équinoxe du printemps et le solstice d'été.

**Mouvement de translation de la Terre; Année tropique.** — Ce qui précède montre que le mouvement du Soleil diffère de celui des étoiles. Nous allons en trouver la raison dans un nouveau mouvement de la Terre. Le mouvement de rotation explique en effet la marche apparente du Soleil sur la sphère céleste, mais il ne rend pas compte du déplacement du lever et du coucher et de ce qui s'ensuit. On ne saurait supposer au soleil même un mouvement aussi bizarre, et d'ailleurs les choses sont très-faciles à expliquer en admettant que la Terre tourne autour du Soleil.

Supposons que chaque jour, au moment où le Soleil est au plus haut point de sa course, on en fixe la position sur la sphère céleste; on trouvera chaque jour un point nouveau. Aussi la durée du jour solaire diffère-t-elle un peu de celle du jour sidéral. En réunissant tous les points ainsi obtenus dans le cours d'une année, on obtient une courbe qui est à fort peu près une circonférence. Dans le courant du $366^e$ jour, le Soleil recommence sa marche annuelle. La durée de ce trajet est de $365^j,2422$ environ, c'est l'*année tropique*.

Cette course du Soleil est apparente; par rapport à la Terre, on peut dire que cet astre est immobile. Si nous le voyons chaque jour en des points différents de la sphère céleste, cela tient à ce que, la Terre tournant autour de lui, il nous paraît s'avancer vers la gauche quand nous allons à droite ou réciproquement par rapport aux étoiles. Ainsi, imaginons qu'une personne décrive une circonférence autour d'un arbre placé au centre, l'arbre paraîtra se projeter sur tous les points de l'espace environnant et cachera à la personne successive-

(1) De *æquus*, égal, *nox*, nuit (sous-entendu *au jour*).

ment tous les points de cet espace qui se trouveront dans
l'alignement de l'arbre.

**Zodiaque.** — Pendant sa marche apparente, le Soleil
passe chaque année devant les mêmes constellations, cela
signifie que la Terre suit la même route en sens inverse. Ces
constellations sont au nombre de douze et se succèdent dans
l'ordre suivant : le *Bélier*, le *Taureau*, les *Gémeaux*, le *Cancer*,
le *Lion*, la *Vierge*, la *Balance*, le *Scorpion*, le *Sagittaire*, le *Capri-*
*corne*, le *Verseau* et les *Poissons* (1). Ce sont là les *signes du*
*Zodiaque*.

Bien que ces constellations n'aient pas la même grandeur,
on admet qu'à chacune d'elles répond la douzième partie du
tour complet ou de 360°, soit 30°. Au moment de l'équinoxe
du printemps, du 20 au 21 mars, le Soleil passe devant le
Bélier ou *entre* dans ce signe. A ce même moment, la Terre
passe devant la Balance et en intercepterait la vue à un
habitant du Soleil s'il en existait.

**La distance du Soleil à la Terre varie; conséquen-**
**ces.** — Lorsqu'on mesure le diamètre apparent du Soleil aux

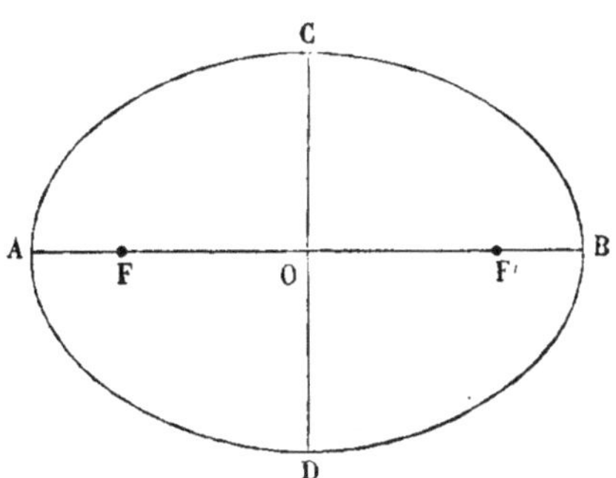

Fig. 28. — Ellipse (*).

diverses époques de l'année, on voit qu'il varie. On en conclut que la Terre ne reste pas à une distance constante de cet

(1) De *Zodia*, petits animaux. — *Gemeaux* pour Jumeaux, cette constellation
se nomme également *Castor et Pollux*. *Cancer*, du même mot latin, écrevisse. Allusion au préjugé de la marche en arrière des écrevisses, il répondait
aux plus grands jours, lorsque le Zodiaque fut inventé le Soleil semblait alors
revenir en arrière. — *Sagittaire*, de *sagitta*, flèche, celui qui tire de l'arc.
— *Capricorne*, de *capra*, chèvre, constellation figurée par un bouc. — *Ver-*
*seau*, ou l'homme qui porte une urne, à cause des inondations du Nil à cette
époque.

(*) AB, grand axe; CD, petit axe; O, centre; F, F', foyers.

astre. Elle ne décrit donc pas une circonférence, mais une *ellipse*. Le Soleil en occupe non le centre, mais l'un des deux points nommés *foyers*.

A un moment de l'année la Terre est le plus près possible du Soleil, c'est le *périhélie* ; six mois après, la distance qui les sépare est la plus grande, c'est l'*aphélie* (1). Ces deux distances diffèrent si peu que l'ellipse décrite par la Terre, ou l'*orbite terrestre*, est à fort peu près une circonférence.

Il est facile maintenant de se rendre compte de l'inégale

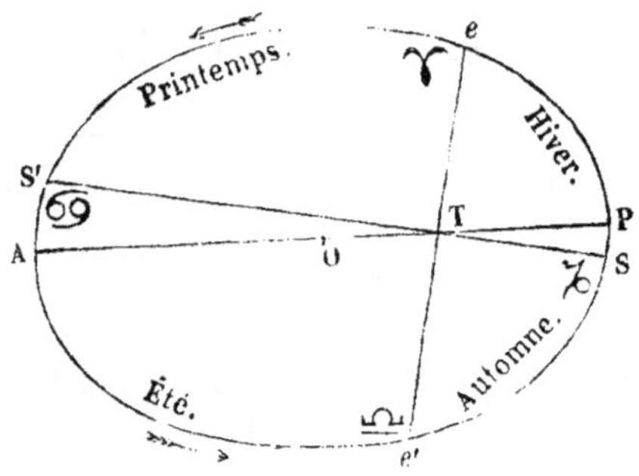


Fig. 29. — Portions de l'orbite répondant aux quatre saisons (*).

durée des saisons. En effet, si la distance de la Terre au Soleil est variable, l'attraction de ces astres varie aussi ; il en résulte que le mouvement de la terre, s'accélère au périhélie et se ralentit à l'aphélie. Les intervalles de temps compris entre un équinoxe et un solstice sont donc nécessairement inégaux.

Voici les durées des saisons :

|  | Jours. | Heures. | Minutes. |
|---|---|---|---|
| Printemps.. ......... | 92 | 20 | 59 |
| Été............. .. .. | 93 | 14 | 13 |
| Automne.... ........ | 89 | 18 | 35 |
| Hiver......... ...... | 89 | 0 | 2 |

**Double mouvement de la Terre.** — Une bille qui roule par terre est animée de deux mouvements, elle s'éloigne de son point de départ, tout en tournant plusieurs fois sur

(1) De *péri*, près de, et de *hélios*, soleil.
   De *apo*, loin de, et     »     »

(*) S, S' solstices ; *e e'*, équinoxes ; P, périhélie ; A, aphélie ; ♈ bélier ; ♋, écrevisse ; ♎, balance, ♑, capricorne.

elle-même, en sorte que la partie de cette boule qui est en
haut descend en bas, et que celle d'en bas monte en haut. La
Terre fait la même chose. Dans le temps qu'elle avance sur
le cercle qu'elle décrit en un an autour du Soleil, elle tourne
sur elle-même en vingt-quatre heures ; ainsi en vingt-quatre
heures chaque partie de la Terre perd le Soleil et le recouvre ; et, à mesure qu'en tournant, on va vers le côté où
est le Soleil, il semble qu'il s'élève ; et quand on commence
à s'en éloigner, en continuant le tour, il semble qu'il s'a-
baisse. (Fontenelle.)

Les expressions de bas et de haut ne conviennent pas ici,
parce que la Terre se meut dans l'espace, et qu'en conséquence
à chaque point du globe répond un haut et un bas différents.
Il faut se figurer un plancher et le Soleil en un point de ce
plancher ; tracer autour de ce point une circonférence ;
enfin, imaginer la Terre tournant, non comme la bille, mais
comme un tonneau posé sur le bord de son fond et légèrement incliné, qui s'avance sur la circonférence en même
temps qu'il tourne sur lui-même. L'axe de la Terre est in-

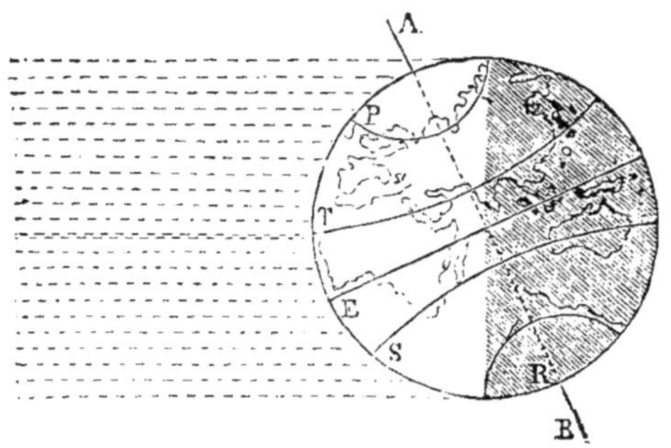


Fig. 30. — L'un des solstices (*).

cliné sur son plancher d'un angle de 23° 28′, et il conserve
cette même inclinaison pendant tout le cours de l'année.

Si l'axe de la Terre était perpendiculaire au plan sur lequel
elle tourne, le jour serait égal à la nuit pour tous les points
du globe et à toutes les époques de l'année. Dès lors, il n'y
aurait pas de saisons, mais seulement une température de
moins en moins élevée à mesure que, partant de l'équateur,
on s'avancerait vers les pôles.

L'axe étant incliné, les choses ne sont plus aussi simples.

(*) A B, axe ; T, S, cercles qui limitent la zone torride ; E, équateur.

Sans doute la chaleur est d'autant moins grande pour un
lieu qu'il est plus près de l'un ou l'autre pôle, mais, en
outre, elle varie pour ce même lieu pendant le cours de
l'année. Cette variation tient, comme on le sait déjà, pour la
plus grande part à l'inégale durée des jours. Elle dépend
aussi de ce que les rayons du Soleil tombent plus ou moins
obliquement sur la Terre ; or, c'est précisément à l'inclinaison
de l'axe que sont dus ces deux effets.

Les solstices, qui répondent, l'un, au plus petit jour de
l'année, l'autre au plus grand jour, sont les deux points
opposés de l'orbite terrestre où les rayons solaires font avec
l'axe le plus petit ou le plus grand angle (1). Le point pour
lequel l'angle est le plus petit est le solstice d'été ; l'autre le
solstice d'hiver.

Les deux points de l'orbite où les rayons solaires font un

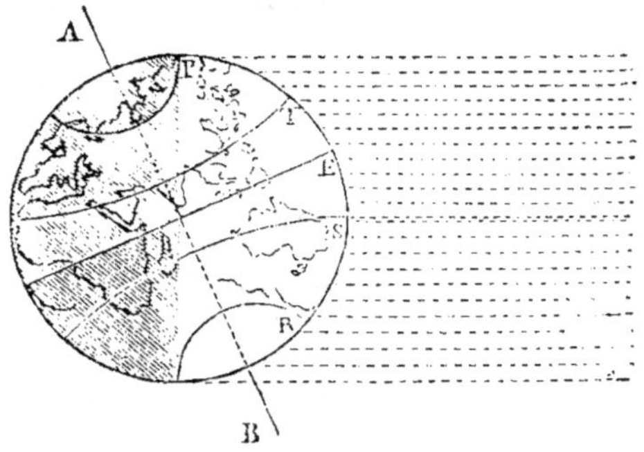


Fig. 31. — L'autre solstice (*).

angle droit avec l'axe terrestre répondent aux équinoxes ;
c'est en effet, au moment où la Terre se trouve à l'un ou
l'autre de ces points que le jour et la nuit sont égaux pour
tous les points du globe.

**De la durée du jour en divers lieux ; Zones.** — Non-
seulement le jour est plus ou moins long, pour un même
lieu, aux diverses époques de l'année, mais il n'a pas la
même durée, à la même époque, dans les divers lieux.
Ainsi chaque pôle est tour à tour éclairé par le Soleil pendant six mois consécutifs et se trouve plongé dans la nuit
pendant les six autres mois. Pendant une moitié de l'année

(1) Le plus petit est de 23° 28′, le plus grand (le supplément) 180° — 23° 28′,
soit 156° 32′.

(*) A, B, axe ; T, S, cercles qui limitent la zone torride : E, équateur.

le Soleil ne se couche pas ; il est constamment visible, et
seulement plus ou moins au-dessus de l'horizon ; pendant
l'autre moitié, il est couché : cela fait en quelque sorte un
jour de six mois et une nuit de même durée. Quand il fait
jour au pôle nord, c'est-à-dire pendant l'été de l'hémisphère
nord, la nuit règne au pôle sud, et réciproquement.

Autour de chaque pôle, jusqu'à une distance de 23° 28', se
trouvent tous les points où, à certains moments de l'année,
on ne voit pas le Soleil pendant un temps plus au moins
long, depuis six mois jusqu'à vingt-quatre heures.

Ces deux portions de la surface de la Terre, en forme de
*calotte*, sont nommées *Zones glaciales*. Elles sont limitées par

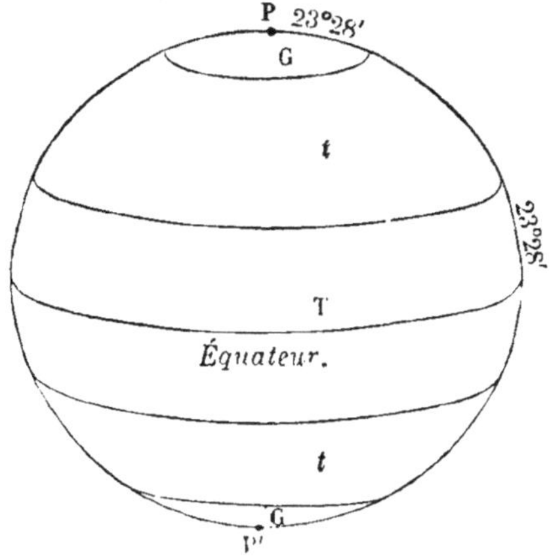


Fig. 32. — Représentation des zones (*).

les *cercles polaires*. Les froids excessifs qui règnent dans ces
régions sont dus à la grande obliquité des rayons du Soleil
qui rasent la Terre pour ainsi dire, et à la trop longue durée
de la nuit.

Au nord et au sud de l'équateur, à 23° 28' au-dessus et
au-dessous de cette ligne, se trouvent tous les points pour
lesquels le jour et la nuit sont sensiblement égaux pendant
toute l'année, où les rayons solaires tombent d'aplomb. Aussi
y règne-t-il la plus haute température de la surface du globe.
C'est la *Zone torride* (1). Les parallèles qui la limitent sont
au nord, le *tropique* (2) *du Cancer*; au sud, celui du *Capricorne*.

(1) De *torrere*, brûler.
(2) De τρέπω, tourner.

(*) P, P', pôles : G, G, zones glaciales ; t, t, zones tempérées : T, zone torride.

Entre le cercle polaire et le tropique de chaque hémisphère se trouve comprise une zone intermédiaire où le jour et la nuit varient d'une manière notable, mais non excessive, pendant le cours de l'année. Aussi la chaleur y est-elle moyenne et la zone porte-t-elle le nom de *Zone tempérée*.

C'est encore à l'obliquité de l'axe et à son parallélisme constant qu'il faut attribuer ces effets. Chaque hémisphère est à tour de rôle rapproché et en quelque sorte penché vers le Soleil pendant six mois. Imaginez un homme qui, placé à l'extrémité d'une table, se penche en avant. Le sommet de sa tête, qui était dans l'ombre, va se trouver éclairé par la lampe supposée au milieu de la table. Vient-il au contraire à se renverser en arrière, le sommet de la tête va rentrer dans l'ombre, tandis que le dessous du menton sera éclairé. La lampe représente le Soleil, la personne figure la Terre; pour compléter la comparaison, supposez que la personne tourne sur elle-même et fasse en même temps le tour de la table.

Toutefois la Terre ne se penche pas en avant et en arrière par rapport au Soleil comme nous l'avons supposé pour la personne : l'inclinaison variable, sous laquelle elle reçoit les rayons solaires, résulte de son déplacement autour de cet astre. C'est pendant qu'elle tourne et s'avance sur son orbite qu'elle se trouve être tout naturellement plus ou moins inclinée vers le Soleil.

**Autres mouvements de la Terre; Précession des équinoxes; Nutation.** — Ce sont là les mouvements principaux de la Terre, ce ne sont pas les seuls. L'axe de la Terre ne reste pas rigoureusement parallèle à lui-même dans le cours d'une année, ainsi que nous venons de le dire. La vérité est que sa direction change constamment pendant la marche de la Terre, mais d'une manière à peine sensible, si bien qu'au bout d'un an on constate une très-légère modification dans l'inclinaison de l'axe. Aussi avons-nous admis le parallélisme de l'axe pendant la durée de l'année. Mais au bout d'un grand nombre d'années, le changement devient très-apparent.

Ce mouvement de l'axe de la Terre ressemble à celui de l'axe d'une toupie lorsque celle-ci, au lieu de rester d'aplomb, comme il arrive en général, s'incline tout en tournant sur elle-même. L'axe de la toupie décrit alors un cône dont le sommet est à la pointe de la toupie. L'axe de la Terre décrit également un cône pendant que s'accomplissent les autres mouvements de la Terre. Cela revient à dire que chaque pôle

décrit un cercle. La durée de ce mouvement est d'environ
26,000 ans, ce qui explique pourquoi il est si peu sensible
dans le cours d'une année.

La variation de l'inclinaison de l'axe détermine le dépla-

Fig. 33.

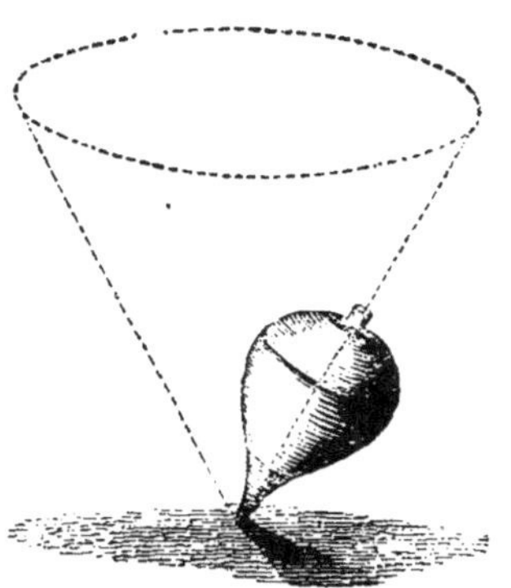

Fig. 34. — L'axe de la toupie
décrivant un cône.

cement continu des équinoxes, c'est-à-dire la *Précession* (1)
*des équinoxes*. Les équinoxes se déplacent en effet chaque année d'une très-faible quantité (50″,2) et font le tour entier de
l'orbite terrestre en 26,000 ans, nombre qu'on obtient en
cherchant combien de fois 50″,2 est contenu dans 360° ou
360 × 60 × 60 secondes.

Ainsi, on a déduit le mouvement conique de l'axe du mouvement des équinoxes, mais comment a-t-on pu savoir que
les équinoxes se déplaçaient ? C'est comme toujours de l'observation des étoiles qu'on a conclu ce mouvement, car chaque mouvement réel de la Terre occasionne un mouvement
apparent en sens contraire dans le ciel.

Si la terre était rigoureusement ronde, le mouvement conique de l'axe n'aurait pas lieu ; mais, comme on sait, la
Terre est aplatie aux pôles et renflée à l'équateur, et l'attraction du soleil sur cette sphère irrégulière détermine ce
mouvement singulier. Ce déplacement entraîne tout naturellement celui des saisons.

Enfin l'axe de la Terre possède un quatrième mouvement
nommé *Nutation*, dû à l'action de la Lune sur la Terre. C'est
un cône analogue au précédent mais incomparablement plus

petit et d'une durée d'environ dix-huit ans, ces deux mouvements s'accomplissent en même temps. De la sorte, l'axe est tantôt au dehors et tantôt au dedans du cône principal. La combinaison de ces deux mouvements produit un cône

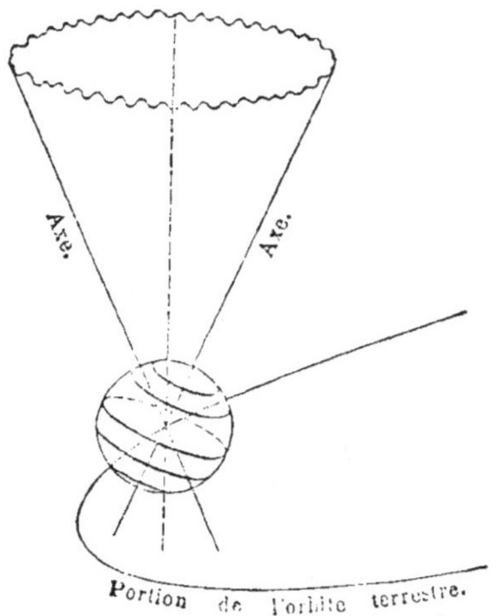


Fig. 35. — Représentation des divers mouvements de la Terre.

cannelé et qui ressemble quelque peu à un filtre en papier, lequel offre alternativement des saillies et des creux, mais dont les saillies et les creux seraient arrondis.

Répétons que c'est l'observation des mouvements apparents de la sphère céleste, c'est-à-dire des étoiles, qui a fait découvrir ce dernier mouvement comme les autres. Et que tout mouvement de la Terre cause l'illusion d'un mouvement analogue, mais en sens contraire, chez les étoiles.

### RÉSUMÉ.

Le Soleil paraît avoir un mouvement propre, et distinct du mouvement apparent de la sphère céleste. Il en résulte des inégalités dans la durée des jours et des nuits.

Les saisons sont des divisions naturelles de l'année, d'environ trois mois chacune, comprises entre un solstice et un équinoxe.

Les solstices répondent l'un au plus petit, l'autre au plus grand

(1) Même étymologie que *précéder.*

jour de l'année ; le premier est le solstice d'hiver, l'autre le solstice d'été. Les équinoxes répondent aux deux moments de l'année où le jour et la nuit sont égaux.

Le mouvement propre du Soleil est une illusion produite par le mouvement réel de la Terre autour de cet astre, mouvement qu'elle accomplit en un an ou 365 j, 2422.

Le zodiaque est une zone de la sphère céleste comprenant les constellations, au nombre de douze, nommées signes du zodiaque, devant lesquelles semble passer le Soleil dans sa marche apparente.

La distance du Soleil à la Terre varie ; cela montre que la Terre décrit non un cercle, mais une ellipse dont le Soleil occupe un des foyers. Cette ellipse est l'orbite de la Terre, on y distingue deux points, le périhélie où la Terre est le plus près, l'aphélie où elle est le plus loin du Soleil.

La Terre a un double mouvement, l'un de rotation sur elle-même, l'autre de translation autour du Soleil. Son axe est incliné d'un angle de 23° 28' sur les plans de l'orbite et reste constamment parallèle à lui-même pendant toute la durée de la révolution. Les solstices sont les points de l'orbite où les rayons solaires font le plus petit ou le plus grand angle avec l'axe. Le premier est le solstice d'été, le second, le solstice d'hiver.

La durée du jour varie dans les divers points du globe. Aux pôles, il y a un jour et une nuit de six mois chacun. A l'équateur, le jour et la nuit sont égaux pendant toute l'année.

La longue durée des nuits dans les parties voisines des pôles et la grande obliquité des rayons solaires sont la cause des froids rigoureux qui règnent dans ces régions. Par contre, l'égalité des jours et des nuits dans les pays voisins de l'équateur et la verticalité des rayons solaires déterminent la température élevée de la zone torride. Entre ces régions extrêmes se trouvent les contrées à température moyenne. De là résulte la division de la surface de la Terre en cinq zones : les zones glaciales limitées par les cercles polaires, les zones tempérées d'un cercle polaire à un tropique, la zone torride entre les deux tropiques.

Outre ses deux mouvements principaux, la Terre en possède deux autres, ce qui porte à quatre le nombre de ses mouvements. Ces deux derniers sont le mouvement conique de l'axe d'une durée de 26,000 ans qui produit la précession des équinoxes, et le balancement ou nutation du même axe, d'une durée de dix-huit ans.

# IV. — LA LUNE.

## I. — FORME, DIMENSIONS, CONSTITUTION DE LA LUNE.

Sommaire. — Forme de la Lune ; son diamètre apparent. — Distance de la Lune à la Terre. — Dimensions de la Lune. — Masse, densité. — Constitution physique de la Lune. — Résumé.

**Forme de la Lune ; son diamètre apparent.** — Les divers aspects sous lesquels la Lune se présente montrent clairement qu'elle est ronde comme la Terre. A la vérité, lorsqu'elle est *pleine,* on dirait un disque plat comme une pièce de monnaie, mais le croissant plus ou moins large sous lequel elle nous apparaît ensuite prouve bien qu'elle est une sphère qui nous montre une étendue plus ou moins grande de sa partie éclairée.

Il ne s'agit donc pas de constater la rondeur de cet astre si évidente à première vue, mais de s'assurer s'il n'est pas, comme la Terre, aplati en deux de ses points. Or, les mesures les plus précises des divers diamètres de la Lune prouvent qu'ils sont égaux.

L'aplatissement, en admettant son existence, est donc trop faible pour qu'on puisse le constater.

On peut voir, même à l'œil nu, que le diamètre *apparent* de la Lune ne diffère pas d'une manière sensible de celui du Soleil. C'est ce que confirment les mesures faites avec les instruments. Comme celui du Soleil, il est d'environ 32'.

**Distance de la Lune à la Terre.** — Mais si ces deux astres paraissent être de la même grandeur, il n'en faudrait pas conclure qu'il en soit de même en réalité, car nous savons que le *diamètre apparent d'un astre varie en raison inverse de notre distance à cet astre.* En conséquence, la distance de la Terre à la Lune nous permettra de déduire la grandeur

4

du diamètre réel de notre satellite de celle de son diamètre apparent.

On détermine la distance de la Lune à la Terre, par un procédé analogue à celui qu'on emploie dans le levé d'un plan, lorsqu'il s'agit de mesurer la distance d'un point à un point inaccessible (1).

*La distance de la Terre à la Lune est de* 60 *rayons terrestres,* soit 95,000 *lieues,* ou 380,000 *kilomètres.* C'est quatre cent fois moins que la distance de la Terre au Soleil.

**Dimensions de la Lune.** —Le diamètre apparent de la Terre vue de la Lune est de 6920″. Or, le diamètre apparent de la Lune est d'environ 32′, ou plus exactement 1885″, 7 ; le rapport de ces deux nombres est précisément celui de leurs diamètres vrais. On trouve qu'ils sont entre eux comme 3 est à 11.

*Le diamètre de la Lune est donc les* $\dfrac{3}{11}$ *ou les* 0,27 *de celui de la*

(1) Ces déterminations, très-délicates lorsqu'il s'agit du Soleil, à cause de la grande distance qui nous sépare de cet astre, sont plus faciles pour ce qui est de la Lune dont nous sommes relativement peu éloignés. Il suffit de choisir deux points à la surface de la Terre et sur un même méridien. Puis de chacun de ces points, à l'aide d'une lunette, on vise le centre de la Lune au moment où elle passe au méridien commun, c'est-à-dire au même instant.

On mesure ensuite l'angle que fait la lunette avec le fil à plomb ou la verticale. On obtient ainsi un quadrilatère dans lequel deux côtés sont connus, — les rayons terrestres qui aboutissent aux lieux d'observation — l'angle qu'ils forment entre eux, et les deux angles que forment les directions de la lunette avec les rayons.

Le quadrilatère une fois construit, il ne s'agit plus que de savoir combien de fois le rayon *oc* de la Terre est contenu dans la distance *ol*, qui est la distance de la Lune à la Terre.

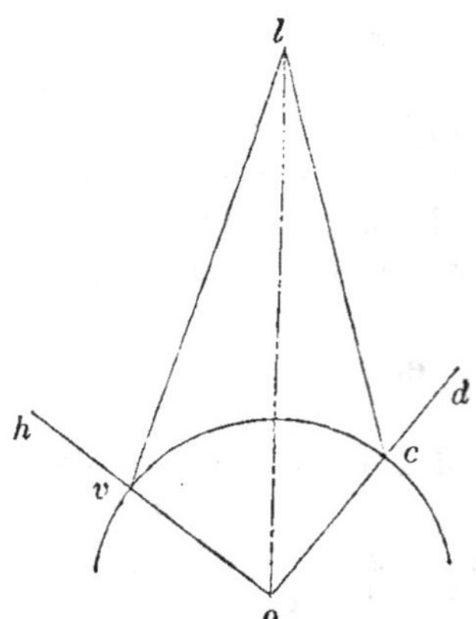


Fig. 36.

Du même coup on évalue l'angle formé au point *l* par les deux lignes visées. C'est la distance *apparente* des points *v* et *c*. Si les lignes *lv* et *lc* sont tangentes, l'angle devient le diamètre apparent de la Terre vue de la Lune, ou le double de la parallaxe. *La parallaxe est égale à* 57′40″ *ou* 3460″.

Cette détermination fut faite pour la première fois par Lacaille et Lalande, le premier opérant au cap de Bonne-Espérance, le second à Berlin.

*Terre.* C'est un plus que le quart. Cela fait 3,472 *kilomètres ou 868 lieues.*

*La circonférence ou le tour de la Lune est* également les 3 ou les 0,27 de celle de la terre, soit *en-viron de* 11,000 *kilomètres ;*

*Sa surface est* 13 *fois plus petite que celle de la Terre ;*

*Son volume est* 49 *fois moin-dre* (1).

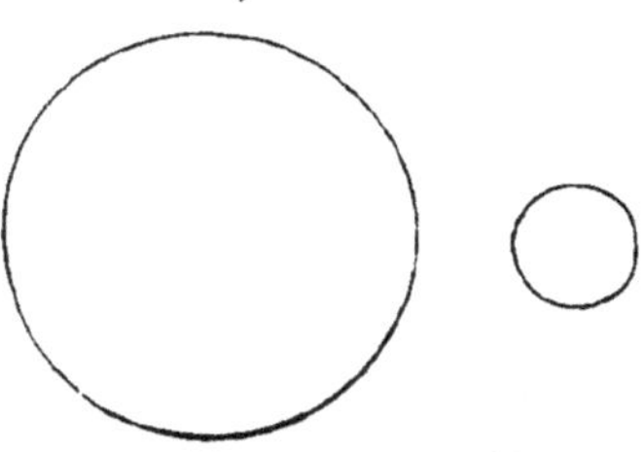

Fig. 37. — Grandeurs relatives de la Terre et la Lune.

**Masse ; densité.** — *La masse de la Lune est* 88 *fois plus faible que celle de la Terre ;* comme elle n'est que 49 fois plus petite, il en faut conclure que la matière dont elle est for-mée est moins lourde que la matière terrestre. *Sa densité est* en effet représentée par le nombre 3 ; c'est un p u plus de la moitié de celle de la Terre. Ainsi, tandis qu'un décimètre cube de terre pèse en moyenne 5 kilogrammes environ, la même quantité de matière lunaire ne pèse que 3 kilogrammes.

En tenant compte des dimensions et de la masse de la Lune, on reconnaît que *la pesanteur lunaire n'est que les* 0,16 *de la pesanteur terrestre.* De la sorte, un corps pesant 1 kilogramme sur la Terre ne pèserait, s'il était transporté à la surface de la Lune, que 16 décagrammes, et tandis qu'en tombant sur la Terre, il parcourt dans la première seconde de sa chute 4$^m$,9, il parcourrait dans le même temps 0$^m$,8 s'il tombait sur la Lune.

**Constitution physique de la Lune.** — Au premier abord, on a quelque peine à croire que la Lune ne soit pas lumineuse par elle-même et que son éclat provienne de la lu-mière solaire réfléchie par sa surface. On pense qu'une surface réfléchissante doit toujours être polie et ressembler plus ou moins à un miroir. Il suffit pourtant d'observer la réverbération d'un mur frappé par le soleil pour se convaincre du contraire. Si la surface de la Lune était très-polie, ce ne serait pas la lumière douce du clair de lune qui éclairerait nos nuits, mais une lumière presque aussi vive que celle du Soleil.

Lorsqu'on examine la Lune au télescope, on s'aperçoit bien-tôt qu'elle n'est pas lumineuse par elle-même. Sa surface est

(1) Voir ce qui a été dit plus haut sur le même sujet et sur le paragraphe suivant à propos du Soleil.

loin d'être unie : on y distingue un grand nombre de vastes excavations sensiblement circulaires, entourées de hautes montagnes. C'est ce qu'on nomme des *cirques*. Le fond de ces immenses puits est également circulaire et à peu près plat. Il s'y trouve quelquefois une petite montagne en forme de pain de sucre qu'on nomme le *pic* ou le *piton*.

Fig. 38. — Le cirque de Copernic.

Dans certaines parties de la surface de la Lune, ces cirques montagneux sont en si grand nombre qu'ils se touchent par leurs bords extérieurs. Sur d'autres points ils sont séparés par des espaces unis qu'on nomme improprement des *mers* et qu'il eût mieux valu désigner sous le nom de *plaines*.

Il existe en outre des montagnes alignées et qui offrent quelques traits de ressemblance avec nos chaînes de montagnes terrestres. Enfin on remarque de vastes sillons qu'on a nommés *rainures*.

Les divers cirques, les mers, les chaînes, les rainures, ont reçu chacun un nom particulier. On distingue parmi les cirques, *Copernic, Aristarque, Képler* ; parmi les mers, la *mer des Tempêtes,* celle *de la Sérénité,* celle *des Crises ;* puis la *chaîne des Apennins,* etc.

Les cirques sont d'étendues très-différentes, depuis ceux dont le diamètre n'est guère que d'un kilomètre, jusqu'aux plus grands, dont le diamètre atteint cinquante ou soixante lieues, et la circonférence cent cinquante à deux cents lieues.

La hauteur est proportionnée aux autres dimensions. Les montagnes qui forment le cercle, ou les *remparts,* comme on les appelle, ont de six à huit mille mètres de hauteur ; les pitons de cinq à six mille mètres.

Si l'on tient compte des petites dimensions de la Lune, on peut juger que le sol en est extraordinairement et bizarrement accidenté. On ne saurait toutefois établir de comparaison entre la surface de la Terre et celle de la Lune, parce que la mer couvre la plus grande partie de notre globe et atténue ainsi en grande partie les inégalités de sa surface, tandis qu'à la surface de la Lune il n'y a pas d'eau.

Si l'on observe la Lune lorsqu'elle se présente sous la forme d'un mince croissant et qu'on suive chaque jour la progression de la lumière à sa surface, on remarque que les sommets des montagnes sont tout naturellement les premiers points atteints par les rayons solaires, puis les versants tournés vers l'Orient sont éclairés à leur tour, et enfin les plaines.

Pendant ce temps les versants opposés sont plongés dans l'ombre et se confondent avec les ombres qu'ils projettent. Ces ombres, d'abord légères et allongées, deviennent plus sombres en diminuant de longueur, comme il arrive sur la Terre à mesure que les rayons solaires tombent plus d'aplomb.

Au moment de la *Pleine Lune,* le fond des cirques situés vers le milieu de la surface s'éclaire, ainsi que toute la crête circulaire. Après la Pleine Lune, les ombres se projettent du côté opposé et s'allongent de plus en plus jusqu'au moment où la Lune, progressivement réduite dans sa partie éclairée, finit par devenir invisible.

Ce mélange d'ombres et de parties lumineuses donne à la Lune l'aspect d'un disque éclairé parsemé de taches. De tout temps cette sorte de physionomie a été connue, et, avant que les instruments en eussent révélé la cause, l'imagination des hommes avait cru y voir un visage humain.

4.

L'aspect de la surface de la Lune ne permet guère de supposer que la vie y est répandue comme sur la Terre. L'expérience montre en effet qu'il n'y a pas d'atmosphère. S'il existait une couche gazeuse autour de la Lune, elle produirait des effets semblables à ceux que produit l'atmosphère terrestre. Les rayons lumineux seraient déviés ou réfractés, ce qui produirait le crépuscule comme à la surface de la Terre. Or, si l'on observe la Lune en partie éclairée, on ne voit aucune transition entre la lumière et l'ombre ; une ligne nette les sépare. Ce n'est pas graduellement que la lumière s'avance, un demi-jour ne précède pas le jour éclatant, mais au contraire le jour succède brusquement à la nuit.

En outre, supposons que la Lune vienne à passer devant une étoile : si elle possédait une atmosphère, les rayons venant de l'étoile seraient infléchis en rasant les bords ; de sorte que nous verrions l'étoile un instant après qu'elle aurait passé derrière la Lune et lorsqu'elle devrait être cachée par cet astre, puis nous la verrions un peu avant qu'elle n'émerge du bord opposé. Ainsi, à cause de l'atmosphère, l'occultation ou l'éclipse de l'étoile devrait se trouver diminuée. Or, il n'en est rien.

Enfin, on ne remarque jamais de nuages ni de vapeurs d'aucune sorte. Seules, les vapeurs répandues dans notre propre atmosphère nous cachent quelquefois notre satellite ; or il serait au moins étrange, si la Lune avait une atmosphère, que la transparence en fût toujours parfaite.

De l'absence d'air autour de la Lune, on peut conclure à l'absence d'eau à sa surface. La physique nous enseigne que s'il existait des mers lunaires, elles émettraient des vapeurs qui formeraient une atmosphère.

S'il n'y a ni air, ni eau, aucun être vivant, végétal ou animal, ne peut y vivre. La Lune est donc un désert.

Enfin, comme l'air est le véhicule ordinaire des sons, on peut dire que la Lune n'est pas seulement un désert, mais un désert où règne un silence absolu.

### RÉSUMÉ.

La Lune est rigoureusement sphérique.

Son diamètre apparent est à peu près égal à celui du Soleil (32′).

La distance de la Lune à la Terre est de 60 rayons terrestres, soit 95,000 lieues ou 380,000 kilomètres, c'est-à-dire $\frac{1}{400}$ de la distance de la Terre au Soleil.

On la détermine au moyen de la parallaxe de la Lune, c'est-à-dire du demi-diamètre apparent de la Terre vue de la Lune, laquelle est égale à 57' 40".

Le diamètre de la Lune vaut les $\frac{3}{11}$ ou les 0,27 de celui de la Terre ; cela fait 3,472 kilomètre ou 868 lieues.

Sa circonférence est de 11,000 kilomètres;

Sa surface est 13 fois plus petite que celle de la Terre;

Son volume est 49 fois moindre ;

Sa masse, 88 fois moindre ;

Sa densité est égale à 3, c'est-à-dire un peu plus de la moitié de celle de la Terre.

La surface de la Lune est très-accidentée. On y voit un grand nombre de montagnes en forme de cirques, au centre desquels se trouvent quelquefois des pics ou pitons, des espaces relativement unis nommés plaines ou mers, des chaînes de montagnes et des rainures.

Les dimensions des cirques varient de 1 kilomètre jusqu'à 50 lieues de diamètre. La hauteur des remparts varie de 6 à 8 kilomètres.

Il n'existe à la surface de la Lune ni air, ni eau, ni êtres vivants d'aucune sorte. C'est une terre nue et déserte.

## II. — MOUVEMENTS DE LA LUNE.

Sommaire. — La Lune tourne autour de la Terre. — Phases de la Lune. — Mois lunaire. — Remarque. — Explication des phases. — Révolution de la Lune. — Le plan de l'orbite lunaire diffère de celui de l'orbite terrestre. — La Lune tourne sur elle-même. — Partie invisible de la Lune; librations. — Le jour et la nuit à la surface de la Lune. — Résumé.

**La Lune tourne autour de la Terre.** — Ainsi que le Soleil, la Lune se lève et se couche chaque jour : c'est là une illusion produite par le mouvement de rotation de la Terre. Lors donc que nous parlons des mouvements de la Lune, il ne s'agit pas de ce mouvement apparent, mais des mouvements réels de ce corps, mouvements semblables à ceux que possède la Terre. On peut dire que la Lune est par rapport à la Terre ce que la Terre est par rapport au Soleil. Elle tourne autour de la Terre; elle tourne également sur elle-même.

Ce qui prouve que la Lune a un mouvement particulier ou *propre*, c'est qu'elle se déplace parmi les étoiles.

Dans sa marche apparente de chaque jour, elle ne voyage pas de compagnie avec les mêmes étoiles. Il est facile de constater ce mouvement, d'abord parce qu'il est rapide, et ensuite parce que la lumière de la Lune n'est pas assez vive pour effacer celle des étoiles brillantes qui peuvent se trouver dans son voisinage.

Si, chaque jour, au moment de son passage au méridien, on détermine la position de la Lune dans la sphère céleste, on voit qu'elle fait le tour entier de cette sphère. Elle décrit donc à fort peu près une circonférence autour de la Terre.

Ce n'est pas là une apparence, comme le mouvement du Soleil autour de la Terre, mais bien une réalité. Nous en avons une preuve dans les *phases*.

**Phases de la Lune.** — On désigne sous le nom de *phases* les divers aspects de la Lune ou les diverses formes sous les-

quelles nous apparaît la partie éclairée de sa surface. Ainsi,
nous la voyons à certain moment comme un mince croissant.

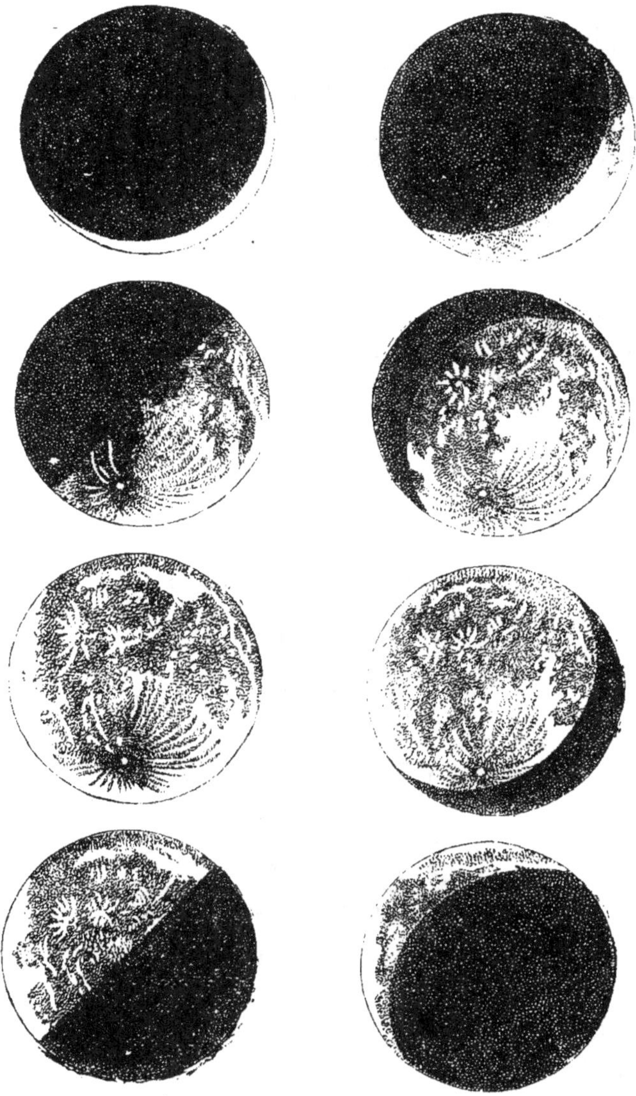

Fig. 39. — Phases de la Lune.

puis le croissant s'élargit de plus en plus et devient un demi-
cercle ou un *quartier*. Sa largeur augmente encore, dépasse

la moitié du disque, enfin, la Lune nous apparaît sous la forme d'un cercle, c'est la *pleine lune* (P. L.). A partir de ce moment, la partie éclairée diminue d'étendue, l'ombre envahit le bord qui était d'abord éclairé. La Lune se présente sous la forme d'un demi-cercle ou d'un quartier; mais tandis que dans le *premier quartier* (P. Q.), c'est-à-dire celui qui suit la nouvelle lune, la convexité est sensiblement à la droite de l'observateur, dans le *second* ou *dernier quartier* (D. Q.) elle se trouve à la gauche.

Cela fait quatre phases principales, la nouvelle lune, le premier quartier, la pleine lune, le dernier quartier.

Les deux quartiers se nomment encore les *quadratures*. La pleine lune et la nouvelle lune portent conjointement le nom de *syzygies*.

Enfin, on désigne sous le nom d'*octants*, les phases qui répondent au milieu des intervalles compris entre les phases principales. En tout quatre octants.

**Mois lunaire.** — D'une phase à la suivante il s'écoule environ sept jours ; plus exactement, on peut dire que les phases

Fig. 40. — Lumière cendrée.

se renouvellent à fort peu près *au bout de vingt-neuf jours et demi.* Cette période porte le nom de *mois lunaire.* Elles reprennent ensuite dans le même ordre.

**Remarque.** — Vers le troisième jour qui suit la nouvelle lune, c'est-à-dire lorsque le croissant est très-mince, le reste du disque, qui est dans l'ombre, se détache néanmoins sur le fond plus sombre du ciel. Cela tient à ce que cette partie de

la surface de la Lune est en réalité éclairée par une lumière
très-faible que sa teinte grisâtre a fait nommer *lumière cendrée*.

La lumière cendrée est un *clair de lune* très-affaibli. Elle
vient du Soleil, mais elle résulte de deux réflexions succes-
sives : la première à la surface de la Terre, la seconde à la
surface de la Lune. La Terre, éclairée par le Soleil, renvoie
une partie de cette lumière vers la Lune qui, à son tour, en
réfléchit vers nous une partie plus faible encore qui produit
la lumière cendrée.

**Explication des phases.** — Les rayons du Soleil ont
sensiblement la même direction pendant toute une révolution de la Lune autour de la Terre, car ils viennent d'un
point quatre cents fois plus éloignés de la Terre, que ne l'est
la Lune elle-même. Ils éclairent constamment une moitié de
la Lune ; mais nous voyons de cette moitié une portion plus
ou moins grande, suivant la position relative du Soleil, de la
Lune et de la Terre.

Ainsi, lorsque la Lune, tournant autour de la Terre, se
trouvera entre la Terre et le Soleil, qu'elle sera en *conjonc-
tion*, la partie de notre satellite tournée vers nous sera
plongée dans l'ombre ; c'est le moment de la nouvelle lune.
Après avoir accompli la moitié de sa révolution, elle se trouvera en *opposition*, c'est-à-dire, que la Terre sera entre elle et
le Soleil. A ce moment nous verrons en totalité l'hémisphère
éclairé, c'est la pleine lune. Les quadratures répondent aux
positions intermédiaires de la Lune, c'est-à-dire au quart et
aux trois quarts de sa révolution ; les octants, aux points intermédiaires entre les syzygies et les quadratures.

**Révolutions de la Lune.** — Ce qui précède montre que
le mois lunaire ou la lunaison n'est autre chose que la durée
de la révolution de la Lune autour de la Terre ou, en d'autres
termes, le temps employé par la Lune à tourner autour de la
terre.

Cette durée, est on le sait, de vingt-neuf jours et demi, mais
en réalité la Lune accomplit sa révolution en 27$^j$,32 seulement. Cette différence de deux jours environ vient de ce
que, tandis qu'elle tourne autour de la Terre, celle-ci ne
reste pas immobile, elle parcourt une partie de son orbite ;
de sorte que la Lune, après avoir accompli sa révolution, ne
se retrouve pas avec la Terre et le Soleil dans les mêmes
positions relatives.

On reconnaît que la Lune a fait un tour complet en prenant

sur la sphère céleste un point de repère fixe, c'est-à-dire une étoile. Aussi, cette révolution se nomme-t-elle *sidérale*. Le mois lunaire porte le nom de révolution *synodique*, pour indiquer qu'elle s'accomplit de concert avec d'autres corps célestes.

**Le plan de l'orbite lunaire diffère de celui de l'orbite terrestre.** — On pourrait croire qu'au moment de la nouvelle lune, le Soleil, la Lune et la Terre sont en ligne droite, et qu'alors le Soleil se trouve éclipsé ; au moment de la pleine lune, la Lune se trouverait éclipsée à son tour par l'ombre projetée de la Terre. Il y aurait donc régulièrement deux éclipses par mois lunaire, une de soleil, l'autre de lune, se succédant à quinze jours d'intervalle environ.

C'est en effet ce qui aurait lieu si la Lune et la Terre tournaient sur le même plancher, c'est-à-dire, si les deux orbites se trouvaient dans un même plan.

Or, l'orbite lunaire diffère fort peu, mais diffère du plan de l'écliptique. Les deux plans forment un angle d'environ 5 degrés (5°). Cette faible inclinaison est suffisante pour que le Soleil, la Lune et la Terre ne soient pas rigoureusement en ligne droite aux syzygies.

**La Lune tourne sur elle-même.** — Nous avons dit plus haut que de tout temps, et avant que les instruments nous eussent fait connaître l'existence des montagnes de la Lune, et par conséquent la cause de ce mélange d'ombre et de lumière, l'imagination des hommes avait cru y voir un visage humain.

Cette invariabilité d'aspect permettait de croire que la Lune nous montre toujours la même face ou la même moitié de sa surface. C'est ce qu'on a pu vérifier depuis l'invention des instruments.

Or la Lune, tournant autour de la Terre, ne peut nous montrer constamment la même face pendant tout son parcours qu'à la double condition de tourner sur elle-même en même temps qu'autour de la Terre et d'employer le même temps pour accomplir les deux mouvements.

En effet, d'une nouvelle lune à la pleine lune qui suit, la Lune parcourt la moitié de son orbite ; or, si elle ne tournait pas sur elle-même, nous la verrions de face à l'une des syzygies et de dos à l'autre. Si donc, au lieu du dos, nous en voyons la face, c'est qu'elle a dû accomplir un demi-tour sur elle-même.

A une demi-révolution répond donc une demi-rotation, ou

à une révolution complète, une rotation également complète.

*La Lune tourne donc sur elle-même en* 27,4. Son axe est à peu près perpendiculaire au plan de son orbite.

Le jour lunaire est donc 27,4 fois plus long que le jour terrestre.

**Remarque.** — La lenteur avec laquelle la Lune tourne sur elle-même permet d'expliquer pourquoi l'aplatissement aux pôles est insensible. Nous savons déjà que l'aplatissement de la Terre aux pôles résulte de l'effet de la rotation lorsque notre globe était encore liquide ; si le mouvement eût été moins rapide, l'aplatissement eût été moins grand, c'est précisément le cas pour la Lune.

**Partie invisible de la Lune; libration.** — Bien que nous ayons dit que la Lune nous montre toujours la même face, cela n'est pas vrai d'une manière absolue. En d'autres termes, la concordance de ses deux mouvements n'est pas parfaite. Il en résulte que, dans la face visible, une partie, — la plus grande, — est toujours visible, tandis que le reste, tantôt vers le bord de gauche, tantôt vers le bord de droite, nous est caché à certains moments.

Nous connaissons donc un peu plus de la moitié de la surface de la Lune : la moitié dont la plus grande partie nous est cachée nous est pourtant en partie connue par ses deux bords. Les choses se passent comme si la lune se balançait de droite à gauche et inversement. De là, le nom de *libration* donné à ce balancement *apparent* (de *libra*, balance).

Ce n'est pas tout : par le fait de l'inclinaison de l'axe de la Lune, nous voyons le bord supérieur et le bord inférieur de la face invisible. On dirait qu'à certain moment la Lune se penche en avant et découvre le sommet de sa tête, tandis qu'à un autre moment elle se penche en arrière et nous montre le dessous du menton. D'où l'illusion d'une seconde libration de haut en bas, et de bas en haut.

Ainsi, c'est par son bord tout entier que nous connaissons la moitié de la Lune dont la partie centrale nous est cachée. Nous avons par là un aperçu de l'hémisphère invisible, qui nous permet d'affirmer que cet hémisphère est semblable à celui que nous voyons.

**Le jour et la nuit à la surface de la Lune.** — Le jour lunaire, qui est 27, 4 fois plus long que le jour terrestre, se partage sensiblement en deux parties égales répondant l'une au jour, l'autre à la nuit. Cela fait donc un jour de quatorze fois vingt-quatre heures suivi d'une nuit de même durée.

Pendant ces longues journées, les rayons solaires tombent d'aplomb, et la chaleur est incomparablement plus intense que celle qui règne à l'équateur terrestre. Rien ne la tempère, ni le vent, puisqu'il n'y a pas d'air ; ni la pluie, puisqu'il n'y a pas d'eau.

A ces journées brûlantes succèdent des nuits glaciales d'une égale durée. Le refroidissement est d'autant plus rapide que la chaleur a été plus grande. L'absence d'atmosphère et de vapeurs le rend encore plus rapide ; on peut tout au plus comparer ce froid à celui de nos régions polaires.

Ces froids rigoureux succédant à des chaleurs intenses sont une nouvelle preuve à ajouter à celles déjà données que la Lune n'est point habitée.

Enfin, les saisons n'y varient pas d'une manière très-sensible ; au pôle comme à l'équateur, les phénomènes sont à fort peu près les mêmes sur tous les points de la Lune.

Pendant ces longues nuits, un magnifique *clair de terre* éclaire la Lune ; la Terre produit à la surface de la Lune l'effet d'une lune environ quatorze fois plus grande. Comme les phases lunaires et terrestres sont complémentaires, c'est-à-dire qu'à la pleine lune répond la nouvelle terre, et réciproquement, et au premier quartier lunaire le dernier quartier terrestre, on peut voir dans une seule de ces longues nuits lunaires de quatorze jours la Terre passant par plusieurs phases sans discontinuité.

### RÉSUM

La Lune tourne autour de la Terre en 27 jours et demi environ ; c'est ce qu'on nomme *la révolution sidérale* de la Lune, parce que les étoiles servent de points de repère.

Mais comme, pendant la révolution de la Lune, la Terre se déplace, il en résulte qu'il faut deux jours de plus pour que le Soleil, la Terre et la Lune se retrouvent dans les mêmes positions relatives que 29 jours et demi auparavant.

Cette révolution porte le nom de *synodique ;* sa durée est le *mois lunaire.*

Pendant cette révolution se produisent les *phases.* On nomme ainsi les changements d'aspect qu'offre la Lune.

On les distingue par les noms de *nouvelle lune* (N.L.), — *premier quartier* (P.Q.), — *pleine lune* (P.L.), — *dernier quartier* (D.Q.).

Chacune répond à un quart du mois lunaire, soit sept jours environ.

Le premier et le dernier quartier portent conjointement le nom de *quadratures*.

La nouvelle lune et la pleine lune portent le nom de *syzygies*.

Les phases intermédiaires se nomment les *octants*.

Le plan de l'orbite lunaire est incliné de cinq degrés sur celui de l'orbite terrestre.

La Lune tourne sur elle-même. Elle met à faire ce mouvement le même temps qu'à tourner autour de la Terre.

La concordance de ces deux mouvements est cause que nous voyons constamment la même face de la Lune.

La concordance n'étant pas parfaite, la Lune laisse voir les bords de la moitié qui nous est cachée, comme si elle se balançait de droite à gauche. Ce balancement, qui n'est qu'*apparent*, porte le nom de *libration*.

Une autre libration due à l'inclinaison de l'axe lunaire a lieu de haut en bas.

Le jour et la nuit lunaires sont quatorze fois plus longs que les nôtres, et sensiblement égaux entre eux, pour tous les points de la surface de la Lune. Il en résulte des températures excessives, chaleur brûlante dans le jour, froid rigoureux pendant la nuit.

Les saisons comme les jours sont à peu près uniformes aux divers points du globe lunaire.

# V. — PLANÈTES ET COMÈTES.

## I. — PLANÈTES.

### § 1. — GÉNÉRALITÉS.

Sommaire. — Définitions. — Énumérations des planètes. — Généralités sur les planètes. — Lois de Képler. — Attraction. — Perturbations ; leur importance. — Distances des planètes au Soleil; durée de leur révolution. — Loi de Bode. — Découverte des planètes télescopiques. — Mouvements apparents des planètes : explications des stations et des rétrogradations. — Résumé.

**Définition.** — Les planètes sont des corps analogues à la Terre et à la Lune. Nous avons déjà dit qu'à la vue simple, on peut les confondre avec les étoiles, et nous avons indiqué les caractères qui permettent de les distinguer de ces dernières.

Bien que la Terre soit une des planètes, l'intérêt qu'elle nous offre nous a conduit à lui consacrer un chapitre spécial. Nous avons agi de même avec la Lune, et pour la même raison, et pourtant la Lune n'est qu'un *satellite*, c'est-à-dire une planète de planète, si l'on ose parler ainsi. Le satellite est par rapport à la planète ce que celle-ci est par rapport au Soleil.

Dans l'étude que nous allons faire des planètes, nous mettrons donc la Terre à son rang, mais naturellement nous ne répéterons pas tout ce que nous en avons dit. Si grande que soit son importance pour nous qui l'habitons, elle n'est qu'une planète comme les autres lorsqu'on examine l'ensemble de notre système solaire.

**Énumération des planètes.** — Voici les noms des planètes dans l'ordre de leur distance au Soleil et avec les figures qui les représentent :

|  | Figures |
| Noms. | ou symboles. |
| --- | --- |
| Mercure..... ........... | ☿ |
| Vénus.................... | ♀ |
| La Terre................. | ♁ |
| Mars.................... | ♂ |
| Planètes télescopiques.. . | ①, ②, etc. |
| Jupiter................. .. | ♃ |
| Saturne............. .... | ♄ |
| Uranus........ .. .... .... | ♅ |
| Neptune............. ... | ♆ |

En outre, le soleil est représenté par ☉, la lune par ☾.

Les *planètes télescopiques* forment un groupe nombreux, — on en compte aujourd'hui plus de cent, — de planètes qu'on ne peut voir pour la plupart qu'à l'aide du télescope, à cause de leur petitesse et de leur éloignement. C'est à peine si, en les rassemblant toutes, on arriverait à faire une masse de la grosseur de la Terre.

On distingue les planètes en planètes *inférieures* et planètes *supérieures*, selon qu'elles sont plus près ou plus loin du Soleil que la Terre. Ainsi Mercure et Vénus sont les planètes inférieures. Outre que les mots inférieur et supérieur ne sont pas appropriés, cette définition, qui est d'ailleurs sans importance, a encore ce désavantage, que la Terre y est prise comme point de départ. On peut observer que les quatre premières sont sensiblement de la même grandeur et beaucoup plus petites que les quatre autres, dont elles sont séparées par le groupe des très-petites.

**Généralités sur les planètes.** — La Terre est le type de toutes les planètes. Toutes sont rondes comme la Terre; toutes tournent sur elles-mêmes autour d'un de leurs diamètres qui est l'axe de rotation, toutes sont aplaties aux extrémités de cet axe ou pôles; toutes tournent autour du Soleil, dans des plans qui diffèrent très-peu les uns des autres et de l'orbite terrestre.

Nous verrons plus tard que leur origine est la même, qu'elles sont toutes nées du Soleil; qu'on peut les regarder comme les membres d'une même famille. Dès lors, il est tout naturel qu'elles soient soumises dans leurs mouvements à des lois communes.

**Lois de Képler** (1). — Ces lois sont au nombre de trois et sont nommées *Lois de Képler*, du nom de l'astronome qui les a découvertes.

La première, relative à la nature de l'orbite, est fort simple; c'est l'énoncé d'un fait :

1° *Toutes les planètes décrivent autour du Soleil des ellipses dont cet astre occupe l'un des foyers.*

Ces ellipses diffèrent si peu du cercle qu'on pourrait tout aussi bien dire que les planètes décrivent autour du Soleil des cercles dont cet astre occupe le centre.

La seconde loi exige quelques explications préalables pour être comprise.

Disons d'abord qu'on nomme *secteur du cercle* la portion de cercle renfermée entre deux rayons et l'arc qu'ils compren-

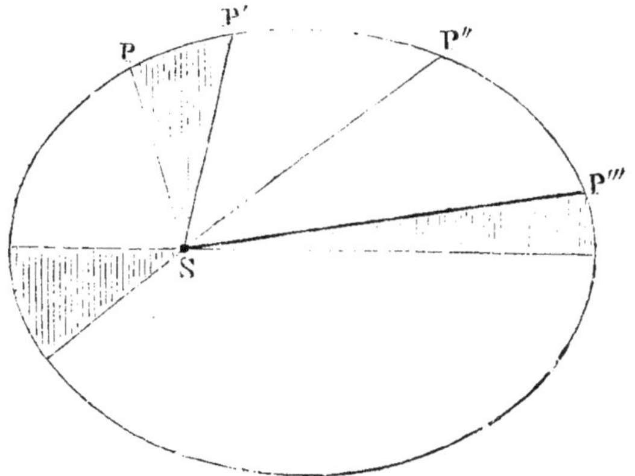


Fig. 41. — Ellipse avec secteurs.

nent, c'est comme un triangle dont un des côtés serait remplacé par un arc. Les secteurs dont il va être question sont des portions de la surface de l'ellipse comprises entre un arc d'ellipse et les rayons qui partent de l'un des foyers.

Supposons qu'une planète ait décrit une portion de son orbite pendant un certain temps, le secteur qui répond à cet arc se nomme le secteur décrit par la planète.

La seconde loi de Képler est ainsi conçue :

2° *L'étendue des secteurs décrits par une planète pendant un certain temps est proportionnelle à ce temps.*

Enfin, la troisième loi, la plus compliquée mais non la plus dif-

_______
(1) Képler (1571-1630), né à Magstadt en Wurtemberg.

ficile, celle qui coûta à Képler de nombreuses années de recherches et dont les conséquences sont précieuses, s'énonce ainsi :

3° *Les carrés des nombres qui expriment la durée des révolutions des planètes sont dans le même rapport que les cubes des nombres qui représentent les distances des planètes au Soleil.*

Telles sont les lois que Képler découvrit après trente années consacrées à l'observation de la planète Mars. Il s'assura ensuite que les lois auxquelles Mars obéit gouvernaient également toutes les planètes, de sorte que tous ces corps célestes, tournant autour du Soleil, et soumis dans leur marche aux mêmes lois, on voyait clairement qu'ils faisaient partie d'un même groupe, d'une même famille céleste, pour ainsi dire, dont le Soleil est le chef.

**Attraction.** — Les découvertes de Newton, conséquences de celles de Képler, devaient compléter ces merveilleux résultats. En effet :

Les lois de Képler permettent d'établir :

1° *Que dans le Soleil réside la force qui maintient les planètes chacune dans son orbite.* Chaque planète est comme la pierre d'une fronde ; le Soleil figure la main, et le lien invisible qui unit la main à la pierre est ce qu'on nomme l'*attraction.*

2° *Que, pour une même planète, l'attraction varie en raison inverse du carré de la distance,* c'est-à-dire que l'énergie avec laquelle le Soleil retient la planète serait *quatre* fois plus petite à une distance *deux* fois plus grande ; *neuf* fois moindre à une distance *trois* fois plus grande.

Enfin, il n'y a pas autant d'attractions distinctes que de planètes. Le Soleil agit de la même manière sur tous les corps qu'il attire. L'attraction diminue avec la distance et se-son la même loi, qu'il s'agisse d'une même planète dont la distance au Soleil varie, ou de planètes différentes placées à des distances diverses. C'est la même main qui maintient tous ces corps dans leurs orbites respectifs avec une énergie, la même pour toutes à une même distance, et variable avec la distance suivant la même loi pour toutes.

Ce que nous venons de dire est également vrai des satelltes par rapport à la planète autour de laquelle ils se meuvent. Les comètes, les aérolithes dans leurs mouvements, les corps qui tombent sur la terre, dans leur chute, sont soumis aux mêmes lois. Ainsi, non-seulement le Soleil attire les planètes, mais celles-ci à leur tour réagissent sur le Soleil dans la mesure de leurs masses respectives. En un mot, l'attraction est aussi bien unique qu'universelle.

Cette loi de la raison inverse du carré des distances est une des lois de l'*attraction universelle* ou de la *gravitation*; une seconde loi est relative à la masse des planètes, et s'énonce ainsi :

*L'attraction mutuelle de deux corps est proportionnelle aux masses de ces corps.*

**Perturbations; leur importance.** — Les lois de Képler ne sont pas absolument vraies : le mouvement d'une planète est influencé par les planètes voisines, en raison de leurs masses et de la distance qui les sépare de la planète influencée, mais ces perturbations ou modifications sont relativement très-faibles.

Par contre, si l'on constate dans le mouvement d'un corps céleste certaines perturbations, on en peut conclure qu'il existe un corps qui les produit. De plus, selon que les perturbations sont plus ou moins grandes, on peut calculer et la distance et la masse de la planète perturbatrice, et arriver ainsi à la déterminer par le calcul et sans l'avoir jamais vue. C'est ainsi que les perturbations signalées par Bouvard en 1821 dans la marche d'Uranus conduisirent cet astronome à supposer qu'il devait y avoir un astre inconnu qui causait ces perturbations. Les choses en restèrent là jusqu'en 1845, époque où M. Le Verrier, étudiant les perturbations d'Uranus, montra qu'elles ne pouvaient être causées ni par une comète ni par un satellite, et conclut qu'elles étaient l'œuvre d'une planète dont il indiqua la place dans le ciel.

Ce fut un grand événement scientifique. En présentant le travail à l'Académie des sciences, Arago s'exprimait ainsi : « La méthode suivie par Le Verrier diffère complétement de tout ce qui a été tenté auparavant par les géomètres et les astronomes. Ceux-ci ont quelquefois trouvé accidentellement un point mobile, une planète dans le champ de leur télescope. Le Verrier a aperçu le nouvel astre sans avoir besoin de jeter un seul regard vers le ciel; *il l'a vu au bout de sa plume;* il a déterminé par la seule puissance du calcul la place et la grandeur approximatives d'un corps situé bien au delà des limites jusqu'alors connues de notre système planétaire, d'un corps dont la distance au soleil surpasse un milliard de lieues, et qui, dans nos plus puissantes lunettes, offre à peine un disque sensible. Cette découverte est une des plus brillantes manifestations de l'exactitude des systèmes astronomiques modernes. Elle encouragera les géo-

dont chacun est double du précédent à partir du troisième.

On ajoute 4 à chacun de ces nombres, et on obtient la nouvelle suite :

4     7     10     16     28     52     100     196     388

Enfin, on divise ces nombres par 10, ce qui donne

0,4     0,7     1     1,6     2,8     5,2     10     19,6     38,8

Écrivons maintenant en regard de ces nombres les noms des diverses planètes, et nous aurons le tableau suivant :

| Planètes. | Distances relatives au Soleil. | Planètes. | Distances relatives au Soleil. |
|---|---|---|---|
| Mercure..... | 0,4 | Jupiter...... | 5,2 |
| Vénus........ | 0,7 | Saturne..... | 10 |
| La Terre..... | 1 | Uranus...... | 19,6 |
| Mars........ | 1,6 | Neptune..... | 38,8 |

On voit que, à part le nombre 2,8 qui n'a pas de correspondant, et le nombre qui répond à Neptune, tous les autres expriment sensiblement les distances relatives des planètes au Soleil.

La série de Bode étant facile à former, on retrouvera aisément les distances des planètes au Soleil. Il suffira de se rappeler que la distance de la Terre au Soleil est de 24,000 rayons terrestres ou de 38,000,000 de lieues.

Veut-on, par exemple, connaître la distance de Vénus au Soleil, le nombre 0,7 montre que cette distance est égale aux 0,7 de 38,000,000 = 38,000,000 $\times$ 7 = 26,600,000.

**Découverte des planètes télescopiques.** — Képler, comparant les orbites des planètes connues de son temps, avait été frappé de la grandeur de l'intervalle compris entre les orbites de Mars et de Jupiter. Il pensait qu'il y avait là une lacune et qu'une planète ignorée encore devait occuper cette place.

La loi de Bode rendit plus visible encore cette lacune. A partir de cette époque, les astronomes se mirent à fouiller le ciel pour y trouver la planète supposée. Les efforts furent sans succès jusqu'au jour (1er janvier 1801) où Piazzi découvrit la planète Cérès, dont la distance au Soleil correspond sensiblement au nombre 2,8 de la loi de Bode.

La découverte de Cérès fut bientôt suivie de celles de Pallas, de Junon et de Vesta. L'impossibilité de voir ces petits astres sans instruments, au moins pour le plus grand nombre, justifie la dénomination de *télescopiques* qu'on leur a donnée, et explique suffisamment pourquoi ils n'ont été connus que fort tard, tandis que les planètes visibles à l'œil nu sont connues de toute antiquité.

Quarante ans environ s'écoulèrent sans nouvelle découverte, et l'on pouvait croire que le nombre des petites planètes ne dépasserait pas quatre, lorsque, au milieu de ce siècle, on en découvrit de nouvelles, et depuis, les découvertes se sont tellement multipliées, qu'on en compte aujourd'hui plus de cent, et que le nombre s'en accroît tous les jours.

Naturellement chacune de ces planètes a une orbite distincte, toujours comprise entre celle de Mars et celle de Jupiter, et répondant sensiblement au nombre 2,8 de la série de Bode. La durée de la révolution varie également d'une planète à l'autre. Elles diffèrent de grandeur et d'éclat, mais on ne sait rien des autres éléments tels que la masse, la densité, etc.

**Mouvements apparents des planètes ; explication des stations et des rétrogradations.** — Les mouvements des planètes tels que nous les avons énoncés, et c'est ainsi qu'ils sont en réalité, c'est-à-dire semblables à ceux de la Terre, ne nous apparaissent pas ainsi dans le ciel, et l'apparence est bien autrement compliquée que la réalité.

Il ne faut donc pas être surpris si, avant Copernic, divers systèmes avaient été proposés pour rendre raison des singularités apparentes de ces mouvements.

Nous allons d'abord les décrire, puis après, les expliquer. Prenons pour sujet de nos observations la planète la plus connue et la plus visible, Vénus ou l'étoile du soir et du matin.

A un moment de l'année, chacun a pu remarquer, peu après le coucher du Soleil, et non loin du point où il a disparu, la planète Vénus qui brille dans la partie du ciel encore éclairée par les dernières lueurs du crépuscule. On la désigne alors sous le nom d'étoile du soir.

Elle descend vers l'horizon, comme les autres corps célestes, et se couche. C'est là le mouvement apparent dû à la rotation de la Terre et que nous avons nommé mouvement diurne.

S'étant couchée après le Soleil, elle se lève le lendemain matin après cet astre, et lorsque déjà il illumine notre atmosphère, ce qui ne permet pas de la voir à l'œil nu noyée qu'elle est dans la lumière.

Pendant un certain temps, on la voit tous les soirs, mais

on remarque que tout en obéissant au mouvement diurne, elle se couche de plus en plus tard. D'où l'on conclut qu'elle s'éloigne du Soleil de plus en plus.

Toutefois, elle ne s'en éloigne pas indéfiniment; un jour elle s'arrête dans sa marche, et pendant un temps semble immobile dans le ciel comme les étoiles. Elle a alors atteint sa plus grande *élongation*, c'est-à-dire son plus grand écart du Soleil, et fait une *station*.

Peu après, elle se rapproche du Soleil, et de jour en jour davantage. Elle se couche après lui, mais l'intervalle de temps entre les deux couchers diminue de plus en plus, si

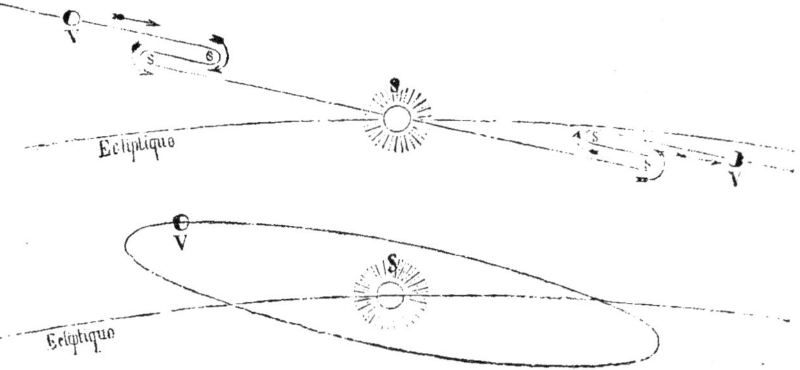


Fig. 42. — Mouvements de Vénus : apparence et réalité.

bien qu'au bout d'un certain temps ils disparaissent tous deux en même temps. On ne distingue plus alors la planète perdue dans la lumière solaire.

On la retrouve ensuite du côté opposé par rapport au Soleil. Elle se lève alors avant lui et ressemble à une toute petite lune baignée dans les premières lueurs de l'aube. D'abord un faible intervalle existe entre les deux levers, mais l'intervalle augmente, et la planète continuant sa marche, s'éloigne du Soleil jusqu'à ce qu'elle ait atteint de ce côté la limite extrême *d'élongation* qu'elle avait atteint du côté opposé.

Alors a lieu une nouvelle *station*, après quoi elle reprend sa marche en sens contraire pour se rapprocher du Soleil, et recommence cette course étrange.

Ainsi le mouvement se compose de mouvements *directs* qui s'effectuent dans le sens du mouvement apparent du Soleil, suivis de mouvements *rétrogrades*, c'est-à-dire en sens contraire, et séparés par les stations. Une partie de cette marche s'accomplit dans une région du ciel au-dessus de l'orbite terrestre; l'autre partie, au-dessous de la même orbite. Par là on juge que le plan dans lequel se meut la planète diffère du plan de l'écliptique.

Tout ce qui précède s'applique à Mercure et à Vénus; quant aux planètes supérieures, leurs mouvements apparents sont également en partie directs et en partie rétrogrades, mais on n'y remarque pas de limite à l'élongation. Ces planètes s'éloignent indéfiniment du Soleil et parcourent toute la sphère céleste.

Ces bizarreries apparentes s'expliquent facilement lorsqu'on admet le mouvement sensiblement circulaire des planètes autour du Soleil, leur centre commun. En effet, d'après la troisième loi de Képler, la vitesse des planètes est d'autant moins grande qu'elles sont plus éloignées du Soleil. Supposons à un moment donné, le Soleil, Vénus et la Terre en ligne droite et occupant les positions S, V, T. Si Vénus et la Terre marchaient du même pas, nous qui n'avons pas conscience de notre mouvement, nous croirions Vénus immobile comme nous. Mais Vénus ayant une vitesse plus grande que celle de la Terre, il nous semblera qu'elle s'avance dans le sens indiqué par la flèche d'une quantité égale à la différence des deux vitesses.

Les deux corps continuant leur marche, il arrivera qu'ils prendront les positions relatives telles que V″ et T. Si Vénus occupe la position V″ lorsque la terre est en T, elle paraîtra se mouvoir en sens contraire du mouvement précédent, mais avec une vitesse égale à la somme de la sienne et de celle de la Terre.

Les stations résulteront de ce que la ligne qui joint la Terre à Vénus restera sensiblement parallèle à elle-même, malgré la différence de vitesse des deux corps par suite de leurs positions sur leurs orbites.

On voit avec quelle facilité s'expliquent toutes les circonstance. étranges du mouvement apparent des planètes. Comment serait-il possible d'admettre dans la foule des corps célestes, dont les mouvements sont soumis à des lois simples et uniformes, quelques corps seulement qui sembleraient en dehors de la loi, et pour lesquels rien ne saurait justifier une semblable dérogation. Comment supposer qu'un corps céleste peut se déplacer tantôt dans un sens, tantôt en sens

contraire, puis s'arrêter tout court à certain moment. Quelle
force arrête ainsi subitement et pour ainsi dire capricieuse-
ment des masses aussi considérables, animées de vitesses prodigieuses, pour les laisser bientôt après reprendre leur marche?

Le phénomène des phases achèvera de prouver que les
vrais mouvements sont bien ceux que nous avons indiqués.

**Phases des planètes.** — Lorsque, dans ce qui précède,

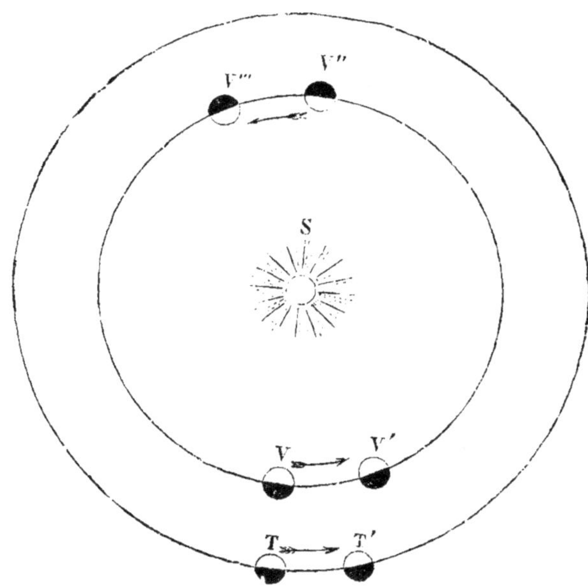

Fig. 43. — Mouvements relatifs des planètes.

nous avons supposé le Soleil, Vénus et la Terre, sinon en ligne
droite, au moins dans un même plan méridien et occupant
les positions S, V, T, Vénus se trouve dans la position où est
la Lune au moment de la nouvelle lune. C'est donc la *nouvelle
Vénus*. Elle passe alors entre le Soleil et nous, et on peut la
voir dans certains cas traversant le disque du soleil.

Cette traversée apparente se nomme le *passage* de Vénus.

Lorsqu'elle est en V″, nous avons *pleine Vénus*. La face
qu'elle tourne vers nous est éclairée en entier.

Enfin, Vénus occupant des positions intermédiaires, on
verra le premier ou le dernier quartier.

L'observation de Vénus à l'aide des instruments nous la
montre en effet passant par ces diverses phases tout comme
la lune.

Ces phases furent aperçues pour la première fois par Galilée, qui contribua ainsi à faire triompher le système de Copernic.

Les planètes extérieures ne se trouvant jamais entre le Soleil et la Terre, nous montrent constamment leur face éclairée ; seulement pour Mars, qui est la moins éloignée, on voit à certaines époques une partie seulement de son hémisphère, et cette partie éclairée se présente sous la forme d'une ellipse.

Quant aux planètes plus éloignées, quelles que soient les positions qu'elles occupent relativement à la Terre, la planète est toujours *pleine*.

## RÉSUMÉ

Les planètes sont des corps analogues à la Terre. La plupart ont des satellites, c'est-à-dire des planètes secondaires qui les accompagnent dans leurs mouvements.

Les planètes sont : Mercure, Vénus, la Terre, Mars, les planètes télescopiques, Jupiter, Saturne, Uranus et Neptune.

Elles sont soumises dans leurs mouvements à des lois communes désignées sous le nom de lois de Képler. Ces lois sont au nombre de trois et s'énoncent ainsi :

1° — Toutes les planètes décrivent autour du Soleil des ellipses dont le Soleil occupe l'un des foyers.

2° — L'étendue des secteurs décrits par une planète pendant un certain temps est proportionnelle à ce temps.

3° — Les carrés des nombres qui expriment la durée des révolutions des planètes sont dans le même rapport que les cubes des nombres qui représentent les distances des planètes au Soleil.

Newton en a déduit les lois de l'attraction qui s'énoncent ainsi :

1°. — Dans le Soleil réside la force qui maintient les planètes chacune dans son orbite.

2° — L'attraction varie proportionnellement à la masse des corps qui s'attirent et en raison inverse du carré de leur distance.

Les perturbations sont des modifications apportées dans le mouvement d'une planète par les planètes voisines. Elles permettent d'expliquer certains faits et même elles ont servi à découvrir Neptune.

Les mouvements apparents des planètes se composent de zigzags et de stations qui s'expliquent par les vitesses inégales de la Terre et des planètes et par leurs positions relatives.

Les phases confirment la réalité du mouvement des planètes autour du Soleil.

## I. — PLANÈTES.



SOMMAIRE : Mercure. — Vénus. — Remarque. — Mars. — Les planètes télescopiques. — Jupiter. — Saturne. — Uranus. — Neptune. — Résumé.

**Mercure.** — Mercure est la première des planètes inférieures, c'est-à-dire la plus proche du Soleil. Nous savons
déjà que sa distance moyenne à cet astre est les 0,4 de celle
de la Terre, soit environ 15 millions de lieues. Mais si les
autres planètes décrivent des ellipses qui diffèrent peu du
cercle, Mercure, au contraire, décrit une ellipse très-pronon-
cée. Aussi se trouve-t-il à des distances très-variables du Soleil
dans le cours de sa révolution, et tandis qu'au périhélie il est
à 11 millions de lieues, à l'aphélie il se trouve à 17 millions
de lieues, ce qui fait l'énorme différence de 6 millions de
lieues environ.

La durée de sa révolution est de 88 jours ; on en conclut
qu'il se meut autour du Soleil avec l'énorme vitesse de
50 mille lieues à l'heure.

Le jour y est de 24 heures comme le nôtre, mais les saisons
ne durent que 22 jours.

Le diamètre de Mercure est égal aux 0,4 de celui de la
Terre, ce qui fait 1,240 lieues. Son volume en est les 0,05 ou
dix-huit fois moindre, le poids treize fois plus petit et l'attraction moitié.

La distance de Mercure au Soleil étant les 4 dixièmes de
celle de la Terre, le diamètre apparent du Soleil vu de Mercure se trouve être environ 2 fois et demi à peu près plus
grand que celui sous lequel il nous apparaît.

Mercure est donc éclairé par un soleil six fois plus grand
que le nôtre en surface. La lumière du jour y est donc très-
vive et la chaleur solaire très-grande.

D'après les observations faites, on a tout lieu de croire qu'il
y a des montagnes très-élevées et qu'une atmosphère enveloppe la planète.

**Vénus.** — Vénus ressemble beaucoup à la Terre. Elle en
a presque les dimensions, et ses mouvements diffèrent peu

de ceux de notre globe. En outre, c'est la planète la plus près de nous.

Elle tourne sur elle-même en 23 heures et demie environ, et autour du Soleil en 225 jours. On sait déjà que sa distance à cet astre est de 27 millions de lieues ; elle parcourt donc son orbite à raison de 32 mille lieues à l'heure. Son diamètre, son volume, sa masse et sa densité sont plus faibles mais très-peu différents des éléments correspondants de la Terre.

Les montagnes y sont très-élevées ; sans doute l'atmosphère y est assez épaisse pour tempérer la lumière aussi bien que la chaleur du Soleil, qui y sont plus vifs qu'à la surface de la Terre.

L'analyse spectrale a permis de s'assurer de l'existence de cette atmosphère qui présente de grandes analogies avec la nôtre ; la vapeur d'eau s'y trouve ainsi que des corps encore inconnus.

A cause de l'inclinaison extraordinaire de son axe, les saisons ainsi que la distribution du jour et de la nuit diffèrent absolument de ce qui se passe à la surface de la Terre.

**Remarque.** — On voit comment, malgré tant de ressemblances, Vénus et la Terre peuvent offrir à leur surface des spectacles bien différents.

Un peu plus d'inclinaison de l'axe d'une planète sur son orbite, et, au lieu de la succession lente et graduelle des saisons, de l'harmonie qui en résulte, de la vie qui est ainsi rendue possible, ce sont des variations excessives de température, un jour qui dure toute une moitié de l'année sans interruption avec une chaleur très-intense, puis une nuit de même longueur avec des froids d'une rigueur effrayante. Telles sont les conditions dans lesquelles se trouve la presque totalité de la planète ; c'est ce qui a lieu pour Vénus.

Ainsi le plus léger changement, la plus petite modification de l'un des éléments d'une planète suffit pour changer les conditions de la vie à sa surface. C'est comme une horloge dont on ne peut modifier un des rouages sans en troubler la marche.

**Mars.** — Plus que Vénus encore Mars ressemble à la Terre. Mais tandis que Vénus et la Terre se ressemblent, quant aux dimensions, au poids et à la densité, c'est par les autres côtés que Mars et la Terre se ressemblent, c'est-à-dire par les mouvements et l'aspect, tandis que les dimensions diffèrent essentiellement.

Il tourne sur lui-même en 24 heures environ, autour d'un axe incliné sur son orbite comme l'axe de la terre sur le

sien, et autour du Soleil en 688 jours; il décrit autour de cet
astre une courbe d'un rayon moyen de 57 millions de lieues.
— C'est une fois et demie la distance de la Terre au Soleil. —

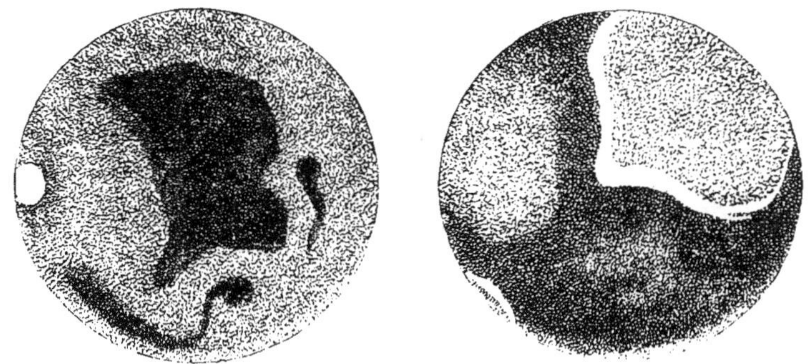

Fig. 44. — Mars.

Il parcourt donc son orbite avec une vitesse de 22 mille lieues
à l'heure.

Si l'on compare cette vitesse à celle des planètes précédentes, on voit que *les planètes se meuvent d'autant moins vite
qu'elles sont plus éloignées du soleil.*

Le diamètre de Mars est environ la moitié de celui de la
Terre, son volume est six fois plus petit, et son poids n'en
est guère que le dixième.

A l'œil nu, Mars est reconnaissable à sa teinte rougeâtre
Lorsqu'on l'examine à l'aide des instruments, les ressemblances avec notre globe apparaissent. On y constate une atmosphère analogue à celle de Vénus, puis, autour des pôles,
des taches qui, selon toute probabilité, sont des amas de glace
ou de neige. En effet, pendant l'été d'un hémisphère, l'é-
tendue de la tache de cet hémisphère diminue, tandis que
celle de l'autre hémisphère où règne l'hiver augmente et
semble s'accroître de la dépouille du premier.

Hâtons-nous de dire que la rapidité avec laquelle ces phénomènes s'accomplissent doit faire de Mars le séjour des plus
violentes tempêtes, des plus formidables ouragans et de véritables déluges.

Outre ces taches blanches, il en est de rouges et de vertes
qui sont répandues sur la planète de part et d'autre de l'équateur et que l'on croit être des continents et des mers.

Enfin, comme l'inclinaison de son axe sur son orbite est à
peu près la même que celle de l'axe de la Terre sur l'orbite

terrestre, les saisons s'y succèdent dans le même ordre. Le Soleil vu de Mars est environ deux fois moindre qu'il ne nous paraît vu de la Terre. Mars a deux satellites ou lunes : *Phobos* et *Deimos* découverts en 1877.

**Les planètes télescopiques.** — Nous n'avons que peu de choses à dire de ces nombreuses petites planètes. Elles sont trop petites relativement à la distance à laquelle elles se trouvent de nous pour que, même avec l'aide des instruments,

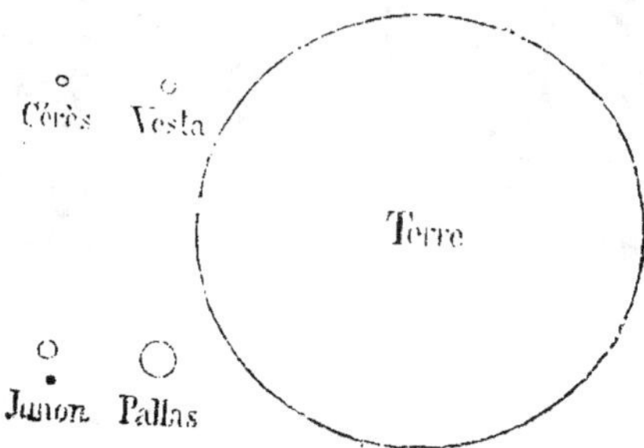


Fig. 45. — Les planètes télescopiques comparées à la Terre.

on puisse acquérir quelques données précises sur leur constitution.

Celle qui est le plus près du Soleil, Flore, en est à 84 millions de lieues ; l'une des plus éloignées, Sylvia, en est à 133 millions de lieues. La moyenne entre ces distances satisfait à la loi de Bode.

L'année de Flore est de 1,193 jours ou 3 ans et un quart environ, celle de Sylvia est de 2,384 jours ou 6 ans et demi.

Les dimensions de ces corps célestes sont des plus variables, depuis quelques lieues jusqu'à deux cents lieues de diamètre. Parmi les plus petites il en est dont la superficie n'atteint pas celle d'un de nos départements ; les plus grandes ont l'étendue de la Russie. Ces dernières sont cent fois plus petites que la Lune. Qu'on juge des autres.

Les quatre premières découvertes sont : **Vesta**, la plus brillante de toutes, visible à l'œil nu, d'un diamètre environ vingt-cinq fois plus petit que celui de la Terre, d'un volume 18 mille fois moindre.

**Junon**, de la même grandeur, rougeâtre et d'un éclat variable.

**Cérès**, plus petite que la précédente et d'un éclat intermédiaire.

Enfin **Pallas**, la plus grande de toutes.

**Jupiter.** — Nous arrivons maintenant aux planètes qui sont en même temps les plus grandes du système et les plus éloignées du Soleil. Jupiter est la plus grosse ; son diamètre est 11 fois plus grand que celui de la Terre, et son volume 1,279 fois. Il pèse 309 fois plus.

La distance moyenne à laquelle il se trouve du Soleil est

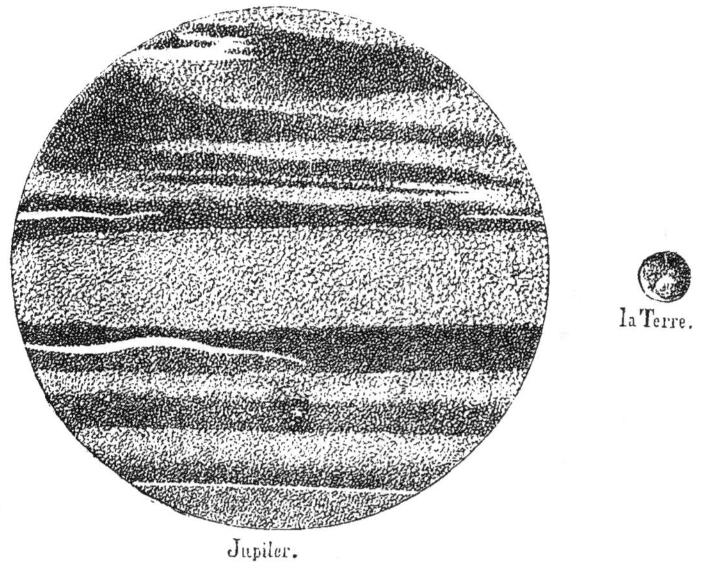


Fig. 46. — Grandeur relative de Jupiter et de la Terre

de 200 millions de lieues. Il tourne autour de cet astre avec une vitesse de 12 mille lieues à l'heure et accomplit sa ré-volution en 12 ans environ.

Malgré son éloignement, et à cause de ses grandes dimen-sions, Jupiter a l'apparence d'une belle étoile au moment où il est le plus près de nous. Si on l'observe à l'aide d'une lunette, on remarque sur sa surface des taches analogues aux taches solaires, dont les mouvements ont permis de constater qu'il tourne sur lui-même en 10 heures. Une rota-tion aussi rapide explique la grandeur de l'aplatissement qu'on remarque aux pôles de Jupiter.

Outre ces taches, le disque de Jupiter est traversé par de nombreuses bandes sombres, séparées par des bandes brillan-tes dont la position varie, qui permettent de croire à l'existence d'une atmosphère et de nuages. L'existence de cette atmosphère est d'ailleurs confirmée par l'analyse spectrale.

A la distance où se trouve Jupiter, le Soleil apparaît comme un disque cinq fois plus petit ; la chaleur et la lumière y sont donc beaucoup moins intenses qu'à la surface de la Terre.

Quatre lunes presque aussi grandes que la nôtre éclairent tour à tour et quelquefois simultanément, avec des phases différentes, les nuits de Jupiter. Elles tournent autour de lui, à des distances et dans des temps divers. La plus éloignée est à 400 mille lieues de la planète ; on juge par là du vaste espace sur lequel s'étend l'action de Jupiter.

En tournant autour de Jupiter, ses satellites sont régulièrement éclipsés à tour de rôle. C'est de l'observation de ces éclipses qu'on a déduit la première fois la vitesse de la lumière (1).

**Saturne.** — Cette planète, qui vient immédiatement après

Fig. 47. — Saturne et son anneau.

Jupiter par ordre de grandeur et d'éclat, offre cette singularité, que sa distance au Soleil est 9,5 fois plus grande que celle de la Terre à ce même astre, et que son diamètre est 9,3 fois plus grand que celui de notre globe.

Son volume est 719 fois celui de la Terre. Elle pèse 92 fois plus que la Terre.

Saturne nous apparaît à l'œil nu comme une étoile de première grandeur, mais vu à travers une lunette, il se montre avec un singulier accessoire, un anneau, et un cortége de huit lunes.

(1) Cette détermination fut faite en France par Rœmer savant danois 1644-1710)

Cet anneau ne touche pas la planète ; il en est à 5 mille lieues environ, et se trouve sensiblement dans le plan de l'équateur. En réalité, ce n'est pas un anneau unique, mais un groupe d'anneaux d'une épaisseur de cent lieues environ et dont le plus grand n'a pas moins de 60,000 lieues de diamètre.

Les satellites placés à des distances différentes de la planète se meuvent, sauf l'un d'eux, dans le plan de l'anneau.

Là ne se bornent pas les singularités offertes par Saturne, si l'on observe qu'il est 719 fois plus grand que la Terre, tandis qu'il n'est que 92 fois plus lourd ; on en conclut que la matière dont il est composé pèse moins que l'eau.

Saturne parcourt son orbite en 29 ans environ et à raison de 8,800 lieues environ à l'heure.

En outre, la planète et son anneau tournent sur eux-mêmes en 10 heures et demie, ce qui a déterminé à l'origine l'énorme aplatissement qu'on remarque aux pôles. Le mouvement de l'anneau fut déterminé en même temps par Laplace, à l'aide du calcul, et par Herschell, à l'aide de l'observation directe. Ces deux astronomes trouvèrent la même durée sans s'être concertés.

Pendant sa marche autour du Soleil, l'anneau se présente sous des inclinaisons diverses, et on le voit tantôt par la tranche, tantôt plus ou moins obliquement. Il projette son ombre sur la planète ou rayonne vers elle la lumière qu'il reçoit du Soleil comme une lune annulaire.

Veut-on se faire une idée de l'étrangeté des nuits de Saturne ? Qu'on se figure une immense arcade lumineuse comme la lune, avec des aspects variés, puis, en divers points du ciel, des lunes qui présentent au même moment les diverses phases de notre satellite depuis le mince croissant jusqu'à la pleine lune.

Il est vrai de dire que l'éclat d'un semblable spectacle est singulièrement diminué par la faible quantité de lumière déversée par le Soleil à la distance considérable où se trouve Saturne. En effet, à cette distance, le diamètre apparent du Soleil est dix fois moindre que celui sous lequel nous le voyons.

On remarque, à la surface de Saturne, des bandes et des taches analogues à celles que nous avons signalées sur Jupiter ; en outre, dans les régions polaires, des variations de teintes qui rappellent celles qu'on observe sur Mars. Cette planète possède une atmosphère analogue à celle de Jupiter.

**Uranus**. — Cette planète, comme les deux précédentes, est visible à l'œil nu, mais son éclat est bien moindre ; elle a l'apparence d'une étoile de cinquième grandeur.

Son diamètre est quatre fois plus grand environ que celui de la Terre, et son volume 58 fois plus grand. Enfin il pèse 13 fois plus.

Six satellites tournent autour d'Uranus.

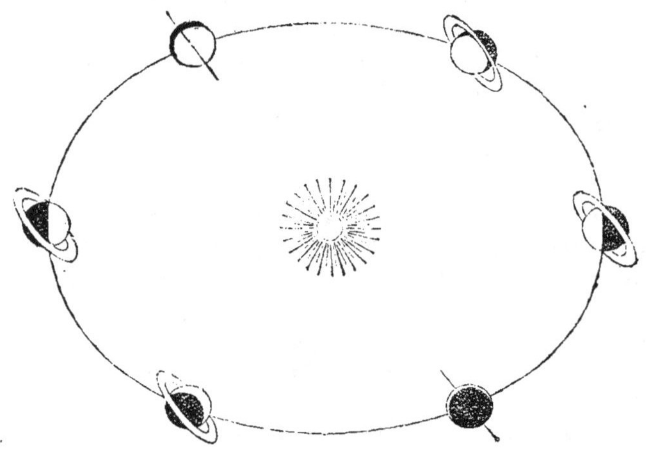

Fig. 48. — Divers aspects de Saturne et de son anneau pendant leur révolution.

Il parcourt son énorme orbite de 725 millions de lieues de rayon en 84 ans, à raison de 7,000 lieues à l'heure. Le Soleil, à cette distance, n'est plus qu'un disque d'un diamètre vingt fois plus petit que celui qui nous éclaire.

**Neptune.** — Neptune est sans doute la planète la plus éloignée du Soleil et marque les limites de notre système. Il est peu probable que l'empire du Soleil s'étende beaucoup au delà. En effet, à cette distance prodigieuse, trente fois celle de la Terre, plus d'un milliard de lieues, le Soleil n'apparaît guère que comme une grande étoile.

Il parcourt cet immense trajet en 165 ans, à raison de 5,000 lieues à l'heure. Son diamètre est 3,8 fois celui de la Terre, son volume 55 fois plus grand, et il pèse 22,5 fois plus que notre globe.

Neptune a un satellite.

Ce qui donne à Neptune un intérêt particulier, c'est la manière dont il a été découvert. En cette occasion, le calcul a précédé l'observation. Les perturbations constatées dans la marche d'Uranus ne s'expliquaient pas par la seule influence des planètes alors connues. On soupçonna l'existence d'une planète qui de concert avec les autres troublait la marche d'Uranus. D'après les perturbations observées, cette planète devait avoir une masse déterminée et se trouver à un certain moment en un point de l'espace indiqué par la théorie. M. Le Verrier indiqua le lieu, mais ce fut M. Galle, de Berlin, qui vit l'astre.

<h3 style="text-align:center">RÉSUMÉ.</h3>

Le meilleur résumé que nous puissions faire de ce qui précède, c'est un dessin qui figure la grandeur relative des planètes et un tableau, renfermant toutes les indications et notions qui concernent chaque planète et qui en constituent pour ainsi dire le signalement.

Bien que les nombres aient leur importance, il est évident qu'une représentation figurée permettra de mieux juger des rapports de grandeur des planètes.

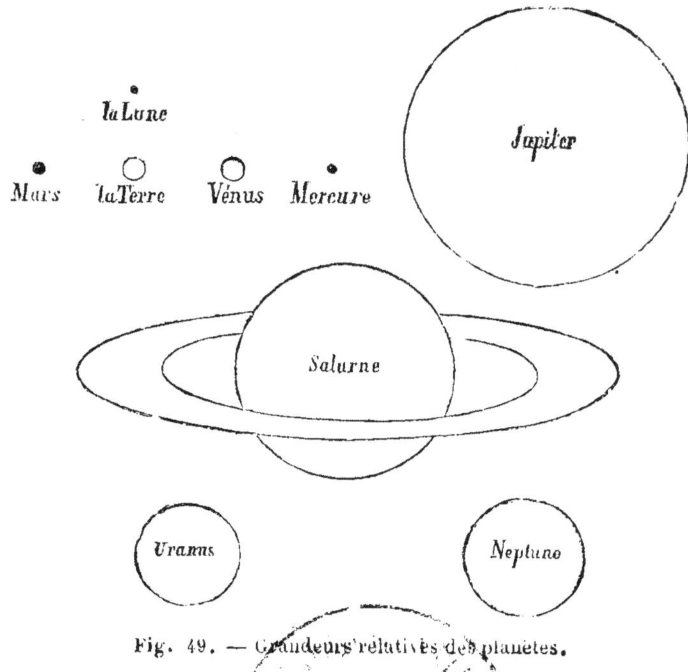


Fig. 49. — Grandeurs relatives des planètes.

TABLEAU RENFERMANT LES ÉLÉMENTS DES PLANÈTES.

| NOMS. | Diamètres. | Volumes. | Masses, la Terre étant 1. | Densité. | Pesanteur à la surface. | Rotation. | Satellites. |
|---|---|---|---|---|---|---|---|
| Mercure..... | 0,37 | 0,052 | 0,06 | 1,17 | 0,44 | 24h 5m | 0 |
| Vénus....... | 0,999 | 0,975 | 0,79 | 0,8 | 0,8 | 23 21 | 0 |
| La Terre..... | 1 | 1 | 1 | 1 | 1 | 23 56 | 1 |
| Mars........ | 0,53 | 0,147 | 0,105 | 0,7 | 0,38 | 24 37 | 2 |
| Jupiter. .... | 11,06 | 1279 | 309 | 0,24 | 2.25 | 9 55 | 4 |
| Saturne.. ... | 9,249 | 719 | 91,9 | 0,13 | 0,9 | 10 16 | 8 |
| Uranus..... | 3,86 | 57,8 | 13,5 | 0,23 | 0,9 | » | 4 |
| Neptune .... | 3,8 | 57.95 | 22,5 | 0,41 | 1,55 | » | 1 |

## II. — COMÈTES.



**Comètes et planètes.** — Les comètes ont été pendant longtemps regardées commes des météores étranges, — n'obéissant pas aux lois générales qui règlent la marche des autres corps célestes. Leur aspect singulier, leur apparition inattendue, leur disparition au bout d'un certain temps, tout dans leur manière d'être a contribué à empêcher les études sérieuses et par suite à entretenir les préjugés populaires. Aussi les anciens, qui nous ont laissé bien des observations utiles sur les planètes, ne nous ont guère appris des Comètes que l'époque de leur apparition et des descriptions que la frayeur a souvent rendues mensongères.

On commence maintenant à connaître ces astres. En y regardant de près, en les observant avec attention, en étudiant leurs mouvements, on s'est bien vite aperçu que les différences entre eux et les planètes ne sont pas si grandes qu'on aurait pu le croire au premier abord.

**Apparition des comètes; leurs changements d'aspect.** — Lorsqu'une comète est signalée, elle est encore loin de nous et du Soleil. Elle ressemble alors à une nébuleuse arrondie. L'intensité de la lumière assez vive au centre va en décroissant graduellement jusqu'aux bords. Au centre même se trouve souvent un point brillant qui constitue le *noyau*.

A mesure qu'elle s'approche du soleil, elle devient plus distincte. En même temps sa forme change, elle s'allonge dans le sens de la ligne qui l'unit au soleil et à l'opposé de cet astre. De sphérique elle devient ovale.

Le noyau est alors près du bord le plus rapproché du soleil.

Elle s'allonge de plus en plus ; en même temps le noyau devient plus brillant. Bientôt, — quelquefois même subitement, — elle se présente sous la forme d'une immense ai-

grette dont l'éclat va en diminuant à partir du noyau. L'extrémité, qu'on distingue à peine, se noie, pour ainsi dire,
dans l'obscurité de l'espace.

Fig. 50. — 1er aspect de la comète.　　　Fig. 51. — 2e aspect.

La comète est alors visible à l'œil nu, la partie la plus
brillante, qui est aussi la plus rapprochée du soleil, se nomme
la *tête* ; la traînée lumineuse porte le nom de *queue* ; la nébulosité qui entoure le noyau et à laquelle la comète doit son
nom est la *chevelure*.

Pendant que la comète s'avance, sa queue se recourbe avec

Fig. 52. — 3e aspect.　　　　Fig. 53. — 4e aspect.

élégance, comme le panache de fumée d'un bateau à vapeur
ou d'une locomotive en marche. Cette queue se développe
le plus généralement suivant la ligne qui unit la comète au
Soleil et du côté opposé à cet astre, comme si le Soleil re-
poussait la matière de la comète, devenue incandescente, ce
qui est en effet probable. Les différences qu'on a cru voir

dans la disposition de la queue de certaines comètes tiennent sans doute à des effets de perspective dus eux-mêmes aux variations du point de vue résultant des mouvements de la comète et de la Terre.

On explique la présence de plusieurs queues à certaines comètes en admettant une séparation, une sorte de criblage de la matière cométaire opéré par le Soleil. Chacune des queues serait formée de grains de poussière de grosseurs différentes.

La comète passant au périhélie y atteint son maximum d'éclat et d'ampleur. Dès qu'elle a dépassé ce point, elle reprend successivement les aspects qu'elle avait avant d'y arriver. Sa forme se modifie, son volume diminue, sa lumière s'affai-

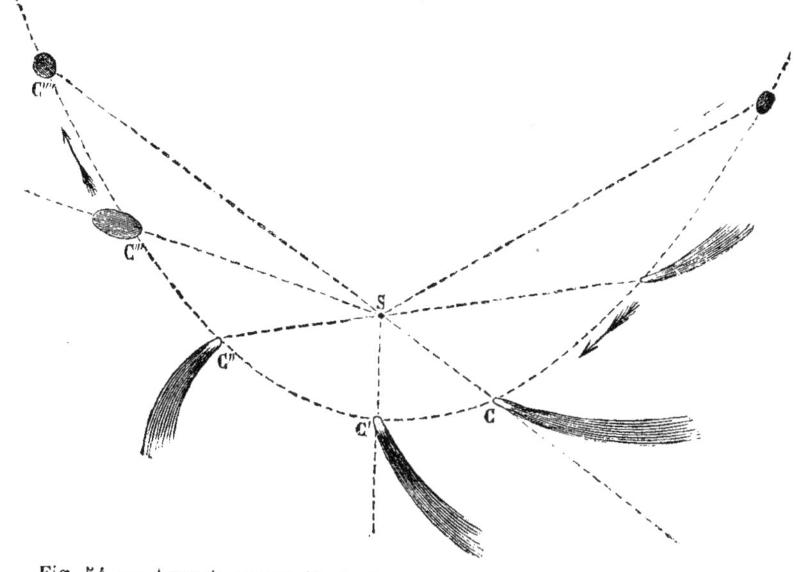

Fig. 54. — Aspects successifs de la comète dans les divers points de son parcours.

lit. La queue se raccourcit de plus en plus, la comète prend la forme d'un œuf, puis elle s'arrondit et nous la voyons telle qu'elle s'était d'abord offerte à nos yeux. Enfin, elle disparaît pour un temps plus ou moins long.

**Dimensions des comètes ; leur vitesse.** — Les dimensions d'une comète sont naturellement très-variables selon le moment où on observe cet astre. Les comètes en général diffèrent beaucoup entre elles. Ainsi, pour ne citer que quelques exemples, la comète de 1811 avait 40 millions de lieues, etc., la tête seule, 250 mille lieues de diamètre. La comète de Donati, que nous avons vue il y a peu d'années, avait un noyau de 1000 lieues de diamètre, celui de la tête était de 13 mille lieues, et la queue avait 14 millions de lieues. La queue de celle de 1843 était de 60 millions de lieues. Le volume de semblables astres peut être mille fois plus grand que celui du Soleil. On a peu d'idée d'une pareille dissémination de la matière.

La vitesse n'est pas moins prodigieuse : il s'agit de plusieurs lieues par secondes. A raison de dix lieues, cela ferait 36,000 lieues à l'heure. C'est la vitesse des planètes les plus rapprochées du Soleil.

**Mouvements dans la matière des comètes.** — Pendant qu'on observe une comète qui s'approche du soleil, on la voit augmenter de grosseur, c'est-à-dire se dilater : puis elle fond et se volatilise. En même temps des milliers de jets lumineux, semblables à des fusées, s'échappent du noyau et s'élancent vers le Soleil. A une certaine distance, ils s'arrêtent et rebroussent chemin, décrivant une courbe pour gagner la partie postérieure où ils vont former la queue.

La faible quantité de matière qui constitue une comète, le peu de cohésion qu'elle présente, la température excessive à laquelle elle se trouve élevée expliquent la prodigieuse dilatation qu'elle éprouve. On peut comparer les corpuscules qui forment la nébulosité à la poussière constamment répandue dans l'air, habituellement invisible, et qui devient visible lorsqu'un rayon de soleil l'illumine.

La matière cométaire est si rare, tant dans la tête que dans la queue qu'on peut voir, au travers, les étoiles qui n'ont même qu'un faible éclat.

**Pourquoi les comètes ne sont pas toujours visibles.** — Les comètes ne sont visibles, soit à l'œil nu, soit à l'aide d'instruments, que pendant une partie très-petite de leur parcours et pour un temps assez court. C'est seulement dans le voisinage du périhélie, avant et après leur passage à ce point, c'est-à-dire pendant qu'elles sont très-près du Soleil. Dès que leur distance au Soleil dépasse le double de la distance de la Terre à cet astre, on cesse de les voir.

Les comètes décrivent en effet autour du Soleil des ellipses très allongées dont le Soleil occupe l'un des foyers; elles sont donc très-près de cet astre lorsqu'elles parcourent la portion de leur orbite la plus voisine de ce foyer; au contraire, à l'autre extrémité de leur orbite elles s'en trouvent à une distance considérable.

Les orbites des comètes ne diffèrent pas seulement par la forme de celles des planètes, mais encore par l'angle qu'elles font avec l'orbite de la Terre, tandis que toutes les planètes tournent à fort peu près sur le même plan ou plancher; les comètes, au contraire, s'en écartent très-diversement.

**Distinction des planètes et des comètes.** — Les comètes diffèrent donc des planètes :

1° — *En ce que les ellipses qu'elles décrivent autour du Soleil sont extrêmement allongées en général*;

2° — *En ce que le plan de ces orbites est très-diversement incliné sur celui de l'orbite terrestre ;*

3° — Enfin, *en ce que les comètes se meuvent tantôt dans le sens du mouvement des planètes, tantôt en sens contraire.*

Quant à la petitesse de leur masse, cela ne saurait être considéré comme une différence caractéristique, puisqu'il y a telle planète télescopique qui n'en a pas de plus grande, et quant à leur aspect au moment de leur rapprochement du Soleil, c'est une conséquence de l'action de cet astre sur une aussi petite masse.

**Comètes périodiques.** — Si les orbites de certaines comètes sont des ellipses infiniment allongées, elles cessent d'être des ellipses. Le second foyer disparaît pour ainsi dire, et la courbe se transforme alors en une courbe ouverte à deux branches symétriques nommée *parabole*.

La comète qui parcourt une parabole ne reparaît plus, on en a compté cinq cents environ, tandis qu'une comète qui parcourt une ellipse revient périodiquement au bout d'un certain nombre d'années. Un très petit nombre de ces astres sont dans ce dernier cas. C'est :

1° La comète de Halley, dont la révolution est de 75 ans et dont l'orbite très-allongée s'étend aux limites de notre système planétaire, tandis qu'à son périhélie elle est à 12 millions de lieues environ, elle en est à 14 cents millions à l'aphélie ; c'est celle dont Clairault prédit le retour pour 1759, en tenant compte des perturbations produites dans sa marche par l'attraction de Jupiter et de Saturne. La prédiction de Clairault fut vérifiée de point en point,

2° — La comète d'Encke ou *comète à courte période*, dont la révolution est seulement de $3^{ans},3$ et qui fut observée par Pons, de Marseille, en 1818. Son orbite n'atteint pas celle de

Jupiter. Au périhélie, elle est à 12 millions de lieues, à l'aphélie elle est douze fois plus éloignée. Elle n'a pas reparu dans ces derniers temps;

3° — La comète de Biéla, observée presque simultanément en 1826 par Biéla à Johannisberg et par Gambart, à Marseille. Sa révolution est de sept ans environ. Elle dépasse un peu l'orbite de Jupiter. Son périhélie est aux 0,8 de la distance de la Terre au Soleil, tandis que l'aphélie en est six fois plus éloigné.

C'est la comète de Biéla qui, en 1846, se partagea en deux sous les yeux des observateurs. Elle est composée depuis cette époque de deux comètes distinctes et voisines, suivant la même route;

4° — Enfin, celle que M. Faye a observée en 1843. Elle accomplit sa révolution en sept ans et demi. Son orbite est relativement peu allongée, bien que néanmoins elle diffère encore beaucoup des orbites planétaires les plus elliptiques, car les distances extrêmes de la comète au Soleil varient entre deux fois et dix fois la distance de la Terre au Soleil;

5° — La comète de Brorsen, découverte en 1846 et dont la période est de 5ans,6. Sa distance au Soleil varie entre 0,65 et 5,64 de la distance de la Terre au Soleil;

6° — Celle d'Arrest, découverte en 1851, et dont M. Yvon-Villarceau a trouvé la période égale à 6ans,4. Sa distance au Soleil varie de 1,2 (périhélie) à 5,8 (aphélie). Cette année (1881) on a vu apparaître la comète de Bessel qui avait paru en 1807.

Toutes ces comètes à l'exception de celle de Encke ont un mouvement direct, c'est-à-dire dans le sens du mouvement des planètes. Celui de la comète d'Encke s'accomplit en sens inverse ; il est rétrograde.

**Action des planètes sur les comètes.** — Lorsqu'une comète passe dans le voisinage d'une planète, elle en subit l'attraction et sa marche est troublée. Plus la masse de la planète est grande, plus la distance qui sépare les deux astres est petite, et plus l'attraction se fait sentir et la perturbation plus grande.

Si l'on connaît l'orbite d'une comète, on sait si elle passe dans le voisinage de quelque planète, et on peut dès lors prévoir qu'elle éprouvera un retard dans sa marche et ne reviendra pas à l'époque fixée par le calcul pour son retour.

C'est précisément ce qui a lieu pour la comète de Halley (1)

(1) Savant astronome anglais (1656-1742).

dont la marche est modifiée par Jupiter et par Saturne. Lorsque, en 1759, Clairault (1) annonça son retour, il avait non-seulement compté sur ces attractions, mais il les avait évaluées.

La marche d'une comète peut être troublée à ce point qu'elle ne revienne plus, et qu'une planète l'arrache pour ainsi dire au Soleil et s'en empare. La comète de Messier (1770) a été ainsi ravie par Jupiter de qui elle s'était trop approchée.

Si les planètes exercent des actions aussi énergiques sur les comètes, la réciproque n'est pas vraie, et les comètes ne jettent aucun trouble dans la marche des planètes. Cela tient à la petite quantité de matière qui compose les comètes et à sa dissémination.

RESUMÉ

Les comètes apparaissent sous la forme de nébulosités arrondies. Leur aspect se modifie à mesure qu'elles approchent du Soleil. On y distingue en général une tête formée d'un noyau entouré de la chevelure et une queue. En disparaissant, elles repassent par les mêmes phases.

Les comètes ont des dimensions très-diverses. Dans une même comète, les dimensions varient considérablement. Leur vitesse est analogue à celles des planètes.

En passant dans le voisinage du Soleil, les comètes se dilatent, et leur matière est rapidement répandue sur des espaces considérables.

Les comètes décrivent des ellipses très-allongées autour du Soleil, qui occupe l'un des foyers. L'inclinaison de leur orbite sur l'écliptique est très-grande, enfin, elles se meuvent tantôt dans le même sens que les planètes, tantôt en sens contraire. Ces trois particularités les distinguent des planètes. Leur masse est très-petite et leur rapprochement du Soleil est très-grand.

Il existe quelques comètes dont la marche est parfaitement connue :

Celle de Halley, dont la révolution est de 75 ans et dont l'orbite s'étend jusqu'aux limites de notre système ;

Celle d'Encke ou à courte période dont la révolution est de 3 ans, 3 ;

Celle de Biéla, dont la révolution est de 7 ans et qui offre cette particularité qu'elle s'est dédoublée ;

Celles de Faye, de Brorsen, d'Arrest.

Les planètes modifient par leur attraction la marche des comètes. Les comètes n'ont aucune action sur la marche des planètes.

_________________

(1) Un de nos plus savants géomètres (1713-65).

## III. — ÉTOILES FILANTES.

Sommaire : Origine probable des étoiles filantes. — Définitions. — Marche des étoiles filantes dans l'atmosphère. — Léonides, Perséides, etc. — Epoques d'apparitions extraordinaires. — Bolides. — Constitution et composition des météorites. — Résumé.

**Origine probable des étoiles filantes.** — On vient de voir les variations énormes qu'éprouve le volume des comètes. D'abord très-petites, lorsqu'elles sont encore loin du Soleil, elles acquièrent des dimensions considérables au moment où elles se trouvent dans le voisinage de cet astre, pour reprendre leur volume primitif lorsqu'elles se sont de nouveau éloignées. Telle comète qui à l'origine n'aura pas mille lieues de diamètre s'étale sur une longueur de dix, vingt ou trente millions de lieues.

On comprend donc facilement qu'au moment où la matière se concentre après s'être ainsi répandue, une notable partie s'en trouve séparée, et continue néanmoins sa marche sur l'orbite de la comète. Toute comète doit donc être accompagnée ou suivie d'une multitude prodigieuse d'astéroïdes.

On peut même supposer qu'à la longue une comète doit disparaître et se transformer complétement en un anneau ou un essaim de corps de dimensions très-petites, véritable poussière de mondes.

Si ces corps passent dans le voisinage d'une planète, ils seront attirés par celle-ci et viendront s'abattre sur sa surface, à moins qu'animés d'une très-grande vitesse, ils *filent* sans tomber, traversant quelquefois l'atmosphère de la planète.

Telle est l'origine probable de ces corps désignés sous des noms différents selon l'aspect sous lequel ils se présentent.

**Définitions.** — Lorsque ces débris ne font que traverser notre atmosphère en s'y enflammant, on les nomme *étoiles filantes*, ou *bolides* lorsqu'ils sont d'assez grandes dimensions.

On donne le même nom aux corps qui, après avoir pénétré dans l'atmosphère, y éclatent et projettent leurs fragments sur le sol, et leurs fragments sont désignés sous la dénomination de *pierres tombées du ciel, aérolithes* ou *météorites*.

**Marche des étoiles filantes dans l'atmosphère.** — Au moment où une météorite pénètre dans notre atmosphère, elle rencontre les couches les moins denses, où l'air est très-rare. A mesure qu'elle avance, l'air devenant plus épais, oppose à sa marche une résistance de plus en plus grande.

La vitesse de l'étoile est en moyenne de 60 kilomètres ou quinze lieues par seconde. L'air est donc poussé violemment et se trouve fortement comprimé. Il s'échauffe vivement en même temps que la météorite qui rougit, fond et se volatilise au moins en partie, quelquefois avec projections de débris.

Selon le degré de la chaleur dégagée, le corps incandescent paraît plus ou moins gros ; ses dimensions apparentes sont d'autant plus grandes qu'il est plus brillant. En outre, la traînée lumineuse qu'il laisse derrière lui ne disparaît pas de l'œil en même temps que de l'espace. Il faut donc tenir compte de ces illusions de l'œil lorsqu'on fait des observations.

La marche du météore peut faire préjuger la hauteur de l'atmosphère. Toutefois il ne faut pas oublier qu'il ne devient pas visible dès son entrée. Les nombres approximatifs trouvés jusqu'à présent fourniraient une moyenne de cent kilomètres, soit vingt-cinq lieues, pour la plus grande hauteur de l'air.

Pendant sa traversée, l'étoile filante subit l'attraction de la Terre et s'en approche constamment. A la sortie de l'atmosphère, elle est donc moins élevée qu'à l'entrée.

**Léonides, Perséides, etc.** — Par un effet de perspective, les lignes parallèles décrites par les étoiles filantes semblent concourir en des points de la voûte céleste qu'on nomme des *Radiants*. Il existe un assez grand nombre de radiants : de là le nom de *Léonides* donné aux étoiles qui pénètrent dans l'atmosphère vis-à-vis de la constellation du *Lion*, c'est-à-dire qui semblent émerger du Lion. D'autres irradient de la constellation de *Persée*, les *Perséides*, etc.

Le désordre pouvant facilement se produire dans la marche de ces météores par suite de l'influence des planètes, on s'explique l'apparition d'un grand nombre d'étoiles filantes qui ne paraissent faire partie d'aucun essaim et auxquelles on a donné, pour cette raison, le nom de *Sporadiques*, ou *éparses*.

**Époques d'apparitions extraordinaires.** — Il y a des

étoiles sporadiques chaque nuit, on peut même dire qu'il y en a chaque jour. En outre, à certaines dates et pendant les nuits qui les précèdent ou les suivent on voit des étoiles filantes en nombre considérable qui produisent une véritable pluie lumineuse.

Le 13 novembre a été jusqu'à présent une date de brillante apparition. A cette époque la Terre est en un point de son orbite voisin de la route suivie par les Astéroïdes. De plus, tous les trente-trois ans et un quart ($33^a,25$) il y a une année, exceptionnelle par l'éclat des apparitions. Les années 1799, 1833, 1867, etc., répondent à cette période. Lorsque cette année approche, le phénomène du 13 novembre gagne en éclat ; lorsqu'elle est passée, le nombre des étoiles diminue progressivement.

On voit par là que non-seulement cette multitude innombrable de planètes minuscules est répandue le long de son orbite, mais qu'elle n'y est pas répandue uniformément. L'ensemble forme une portion d'anneau ou un essaim, le gros de la troupe est en tête, et parcourt l'orbite en 33 ans un quart. Le reste suit avec des vitesses variables, mais peu différentes, comme une bande de traînards.

Le nombre des retardataires augmentant toujours, on peut prévoir une époque où l'essaim se sera transformé en un anneau complet. C'est ce qui a déjà eu lieu pour les étoiles filantes du 10 août. Les apparitions de cette époque sont en effet d'un éclat uniforme ; on ne remarque pas d'année exceptionnelle.

Naturellement le nombre des débris diminue chaque année, car il en tombe un certain nombre à la surface de la Terre. Cet apport n'est d'ailleurs pas le seul, car les étoiles filantes qui se consument en totalité ou en partie dans notre atmosphère y laissent une certaine somme de matière disséminée dans l'air, qui se condense et finit par tomber à la surface de la Terre.

**Bolides.** — Tandis que les étoiles filantes traversent les hautes régions de l'atmosphère, les *Bolides* s'y engagent très-avant, et viennent parfois éclater avec bruit au-dessus de nos têtes. Ils s'échauffent au point de rougir et de devenir lumineux, laissant derrière eux une traînée de vapeurs et de parcelles lumineuses qui, comme le sillage d'un navire, permet de connaître cette partie de l'orbite du bolide, laquelle est sensiblement horizontale.

Ils courent avec une vitesse prodigieuse de vingt à trente
kilomètres par seconde, — plus de mille fois celle des trains
express, — et qui n'a d'analogue que celle des planètes. La
plupart se brisent en nombreux fragments qui tombent et
donnent lieu aux pluies de pierres. C'est à leur marche rapide
à travers l'air qu'il faut attribuer les sifflements qu'on entend
au moment de la chute.

La hauteur à laquelle se trouvent les bolides est assez
grande pour qu'on puisse les apercevoir simultanément de
points très-éloignés les uns des autres.

Les débris ramassés dès qu'ils ont touché le sol sont très-
chauds et même brûlants. Ils s'enfoncent plus ou moins profondément dans la terre selon leur grosseur et leur vitesse.

Le nombre des fragments peut atteindre plusieurs milliers. Leurs dimensions sont très-variées. Quant au poids, il
y en a de quelques kilogrammes, rarement d'un quintal, plus
rarement encore de quelques tonnes, et ce sont alors des
masses de fer.

**Constitution et composition des météorites.** — Les
corps célestes sont sensiblement sphériques, les météorites
présentent au contraire une forme irrégulière, à faces inégales, rappelant les fragments d'un corps brisé. Elles sont
recouvertes d'une sorte de croûte noire très-mince mate ou
luisante comme un vernis, lorsqu'elle a subi un commencement de fusion.

Certaines météorites sont composées de fer à peu près pur,
pouvant être forgé et utilisé dans l'industrie. Ce fer présente
des caractères qui ne permettent pas de le confondre avec
celui de nos mines. Le plus souvent il est associé à une petite
quantité des métaux qui lui ressemblent chimiquement
(nickel, cobalt, etc.).

Les autres météorites contiennent, les unes du fer en assez
grande quantité, les autres, — de beaucoup les plus nombreuses, —de petites quantités de fer répandu en menus grains
dans une masse pierreuse.

Enfin, dans un troisième groupe peu nombreux se trouvent celles qui ne contiennent pas de fer. Ce qui les carac-
térise tout particulièrement, c'est qu'elles contiennent du
charbon combiné avec d'autres corps.

Aucune ne renferme de granite ni des portions de roches
déposées par les eaux et qui forment la croûte superficielle de
notre globe. Il faut en conclure que dans le corps céleste d'où

elles proviennent, elles occupaient les parties voisines du centre ou que ce corps n'avait jamais été recouvert par les eaux.

### RÉSUMÉ

Les étoiles filantes sont probablement des débris de comètes.

Elles plongent dans notre atmosphère à des profondeurs diverses avec une vitesse d'environ 60 kilomètres, s'enflamment et se volatilisent en totalité ou en partie.

Elles paraissent émerger de certains points de la voûte céleste nommés radiants, situés dans les constellations du Lion, de Persée, etc.

Les étoiles du 13 novembre sont très-nombreuses chaque année à cette date et présentent tous les trente-trois ans et quart une apparition d'un éclat exceptionnel; elles forment un essaim qui tend à devenir un anneau.

Les bolides ont des dimensions appréciables, ils éclatent et donnent lieu aux pluies de pierre.

Les météorites sont des débris anguleux de nature différente et qui s'abattent sur la Terre. Elles contiennent du fer seul ou mêlé à d'autres corps ou des combinaisons dans lesquelles entre le charbon. Elles proviennent sans doute des parties centrales d'une planète.

# VI. — APPLICATIONS.

## I. — ÉCLIPSES.



**Définitions.** — On dit qu'un corps céleste est éclipsé lorsque, se trouvant au-dessus de l'horizon, nous le voyons tout à coup disparaître, soit parce qu'un corps céleste s'interpose entre lui et nous, et nous le cache plus ou moins complétement, soit parce que la Terre projette son ombre sur lui.

Si, par exemple, la Lune s'interpose entre le Soleil et nous, de manière à nous cacher le Soleil en totalité ou seulement en partie, on dit que le Soleil est éclipsé *totalement* ou *partiellement*.

Si c'est la Terre qui se trouve placée entre le Soleil et la Lune, elle projette son ombre sur cette dernière, et, selon que cette ombre couvre seulement une partie du disque lunaire ou l'envahit tout entier, l'éclipse de Lune est *partielle* ou *totale*.

Une planète qui passe entre nous et le Soleil ne nous cache pas cet astre, et on ne soupçonnerait pas l'interposition de la planète sans le secours des instruments. On la voit comme un point noir traversant le disque du Soleil. C'est ce qu'on nomme le *passage* de la planète. Exemple : le *passage de Vénus* qui doit avoir lieu en 1874.

La Lune dans sa marche nous cache les étoiles qu'elle rencontre sur son trajet. Ces éclipses d'étoiles se nomment *occultations*.

**Conditions pour qu'une éclipse puisse avoir lieu.** — Nous avons dit plus haut (page 72) : « On pourrait croire qu'au moment de la nouvelle lune, le Soleil, la Lune et la Terre sont en ligne droite, et qu'alors le Soleil se trouve éclipsé ; puis, au moment de la pleine lune, la Lune à son tour se trouverait éclipsée par l'ombre projetée par la Terre. — Il y aurait donc régulièrement deux éclipses par mois lunaire, une de Soleil, l'autre de Lune, se succédant à quinze jours d'intervalle environ.

« C'est en effet ce qui aurait lieu si la Lune et la Terre tournaient sur le même plancher, c'est-à-dire si les deux orbites étaient dans le même plan.

« Or, le plan de l'orbite lunaire diffère fort peu, mais diffère du plan de l'écliptique. Ces deux plans forment un angle d'environ 5 degrés (5°). Cette faible inclinaison est suffisante pour que le Soleil, la Lune et la Terre ne soient pas disposés sur une même ligne droite à l'époque des syzygies. »

Mais ce qui n'arrive pas toujours arrive pourtant quelquefois.

La Lune se trouvant tantôt d'un côté, tantôt de l'autre du plan de l'écliptique, doit, à certains moments, traverser ce plan. Les trois corps, Soleil, Terre et Lune, sont alors dans le même plan, ce qui ne veut pas dire qu'ils soient en ligne droite. Mais s'ils se trouvent dans le même plan à l'époque de la pleine ou de la nouvelle lune, l'éclipse devient possible.

Nous disons qu'elle devient possible, elle n'est pas encore sûre ; car encore faut-il que l'ombre de la Terre se prolonge assez pour atteindre la Lune, s'il s'agit d'une éclipse de Lune, et, s'il s'agit d'une éclipse de Soleil, c'est-à-dire si la Lune s'interpose entre le Soleil et la Terre, elle est relativement si petite qu'elle ne cache le Soleil qu'à certaines régions de la Terre, et les habitants seuls de ces régions verront l'éclipse.

Donc, pour qu'une éclipse ait lieu, il faut :

1° Que la Lune soit pleine ou nouvelle ; pleine pour une éclipse de Lune, nouvelle pour une éclipse de Soleil ;

2° Que la Lune se trouve dans le voisinage d'un *nœud* ou au nœud même, c'est-à dire dans la portion de son orbite qui traverse le plan de l'orbite terrestre ;

En un mot, que les trois astres, Soleil, Terre et Lune soient sensiblement en ligne droite.

Un calcul fort simple permet de s'assurer que l'ombre de la Terre s'étend bien au delà de l'orbite lunaire ; dès lors, si les trois astres sont *sensiblement* en ligne droite, l'ombre atteindra nécessairement la Lune qui sera ainsi éclipsée. Elle le sera d'autant plus complétement que les trois astres seront plus rigoureusement alignés.

En outre, à la distance où se trouve la Lune, le diamètre de l'ombre est assez grand pour que la Lune puisse être enveloppée complétement par l'ombre.

**Prédiction des éclipses de Lune.** — Malgré de longs siècles d'observations qu'un ciel d'une pureté exceptionnelle rendait plus faciles, les anciens n'ont connu qu'imparfaitement les lois des mouvements des corps célestes. Deux puissants moyens d'investigation leur ont manqué, les instruments et le calcul. Ils prédisaient donc les éclipses par des procédés simples, il est vrai, mais sans précision.

Les Chaldéens avaient observé qu'au bout de 18 ans 11 jours, la Lune, la Terre et le Soleil se trouvaient sensiblement dans les mêmes positions relatives, de sorte que si, à un moment donné, une éclipse de Lune a lieu, au bout de 18 ans 11 jours, il y en a une à peu près semblable ; ainsi la série des éclipses comprises dans cet intervalle de temps se renouvelle dans le même ordre. Cette période de 18 ans 11 jours se nomme le *Saros des Chaldéens*.

Cette période n'est pas rigoureusement exacte ; il s'en faut d'une fraction de jour qui, pour une durée de quelques siècles, n'est pas sans influence sur la périodicité des éclipses.

En outre, ce défaut d'exactitude est cause que les éclipses ne se reproduisent pas d'une manière identique : il est possible, par exemple, qu'une éclipse partielle très-faible ne se renouvelle pas au bout de 18 ans 11 jours, comme il se peut que le contraire arrive, et qu'une éclipse partielle très-faible ait lieu sans qu'elle ait été prévue. De même une éclipse totale peut répondre à une partielle, ou inversement. Le saros peut donc servir, mais seulement comme d'un moyen approximatif et une sorte d'avertissement.

Aujourd'hui, non-seulement les astronomes annoncent l'éclipse, mais ils prédisent le moment précis du commencement et de la fin du phénomène ainsi que les particularités qu'il doit présenter.

On se sert pour cela de *tables* construites d'avance qui

permettent de connaître chaque jour la position des astres sur la sphère céleste.

L'astronome sait, à l'aide des tables, si une éclipse aura lieu, dès lors il en détermine la nature, c'est-à-dire si elle sera partielle ou totale; si elle est partielle, quelle en sera la grandeur, enfin le moment précis du commencement du phénomène et sa durée.

**Figure de l'éclipse.** — Ces déterminations se font à l'aide d'un dessin géométrique qui représente l'éclipse. On connaît, en effet, la grandeur des astres, les distances qui les séparent, les mouvements dont ils sont animés, c'est tout ce qu'il faut pour exécuter ce dessin.

On trace donc un cercle qui représente l'étendue trans-

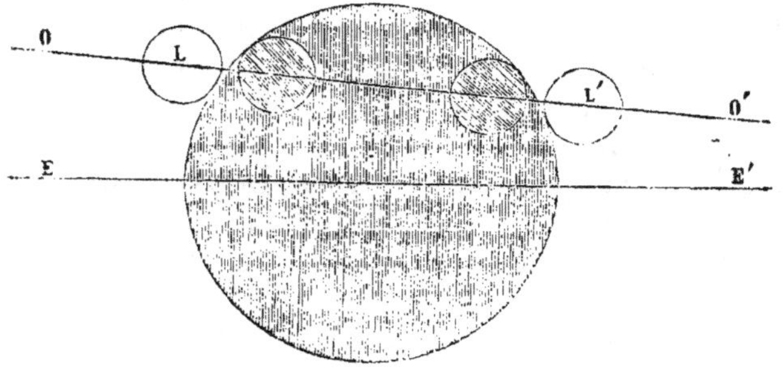


Fig. 55. — Dessin de l'éclipse, section du cône d'ombre. E E', écliptique; L, L', positions de la Lune à l'entrée et à la sortie de l'ombre; OO', orbite de la Lune.

versale de l'ombre de la Terre à la distance de 90,000 lieues environ où se trouve la Lune, c'est-à-dire la partie de cette ombre dans laquelle la Lune viendra s'engager. L'ombre n'a pas en effet la même largeur en tous ses points; elle va en diminuant de plus en plus à mesure que les parties considérées sont plus éloignées de la Terre.

Sur ce cercle, qui est la section de l'ombre, on trace une ligne qui est le trajet suivi par la Lune à travers l'ombre, et, en divers points de cette ligne on décrit des circonférences qui représentent la Lune dans les diverses positions qu'elle occupera successivement.

C'est en quelque sorte une vue du phénomène.

Il est facile de voir maintenant de combien le petit cercle peut pénétrer dans le grand : s'il y entre tout entier, l'éclipse sera complète ; s'il n'y entre qu'en partie, déterminera le rapport entre la partie éclipsée et le disque entier (1). Les deux cercles tangents figurent la Lune au commencement et à la fin de l'éclipse. Les vitesses connues de chacun des corps permettent d'évaluer le temps compris entre l'entrée dans l'ombre et la sortie de l'ombre, c'est-à-dire la durée de l'éclipse.

**Particularités.** — Lorsque la Lune commence à être éclipsée, c'est d'abord une sorte de demi-ombre ou pénombre qui la recouvre et qui forme la transition entre la lumière et l'ombre proprement dite. Puis l'ombre vient après et en recouvre une étendue plus ou moins grande.

Même pendant l'éclipse totale, et lorsque la Lune est entièrement recouverte par l'ombre de la Terre, on ne cesse pas de la voir. Une faible lumière rougeâtre l'éclaire. Les

Fig. 56. — Aspects de la Lune éclipsée.

rayons solaires contournent pour ainsi dire en partie la Terre, s'infléchissent en rasant sa surface pendant qu'ils traversent notre atmosphère, de sorte qu'une partie de ces rayons atteint la Lune et l'éclaire faiblement.

**Éclipses de Soleil ; définitions.** — Nous avons dit que le Soleil est éclipsé lorsque la Lune s'interpose entre cet astre et la Terre.

(1) Dans ce but, on supposait autrefois le diamètre de la Lune partagé en douze parties égales ou *doigts* : si l'éclipse est totale, il n'y a pas d'autre indication. Un doigt représentera une éclipse particlle du douzième du disque ; trois doigts, le quart, etc. Il vaut mieux, comme le font actuellement les astronomes, évaluer la portion éclipsée en dixième du diamètre.

Bien que la Lune soit 70 000 000 de fois plus petite que le Soleil, elle peut néanmoins nous le cacher non-seulement en partie, mais même en totalité. Et, en effet, l'éclipse d'un astre par un autre ne dépend pas de la grandeur des astres, mais de leur distance à la Terre.

On se rend facilement compte de ce fait par l'expérience suivante : On prend d'une main la plus grande de nos pièces de monnaie, une pièce de cinq francs; de l'autre, la plus petite, une pièce de vingt centimes, puis on les dispose de manière que l'œil et les deux pièces soient en ligne droite, la plus petite pièce se trouvant entre l'œil et la grande. A défaut de ces pièces de monnaie, il est facile de découper des cercles de carton de même grandeur.

La grande pièce représente le Soleil ; la petite, la Lune.

La grande pièce étant placée à une certaine distance de l'œil, on dispose la petite à une distance telle qu'elle cache complétement la plus grande ; c'est le cas de l'éclipse *totale*.

Si maintenant l'on éloigne légèrement la petite sans toucher à l'autre, on découvre de cette dernière une portion en forme d'anneau. Lorsque le Soleil est ainsi éclipsé par la Lune, l'éclipse est dite *annulaire*.

Éclipse annulaire observée à Trani le 6 mars 1867, par **M. Janssen**.

 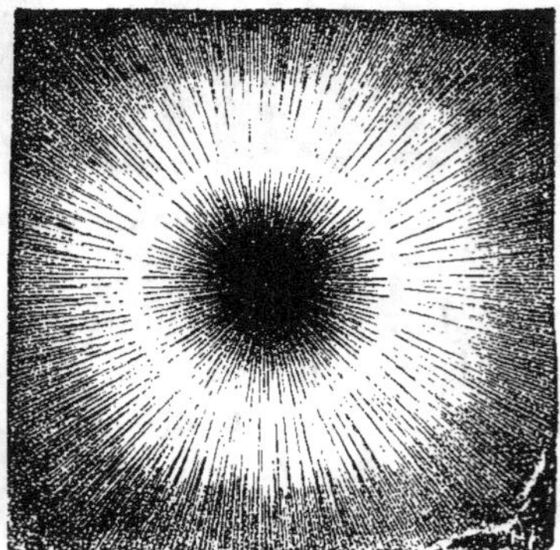

Fig. 57. — Vue au télescope.          Fig. 58. — Vue à l'œil nu.

Si, de plus, les centres et l'œil sont rigoureusement en ligne droite, l'anneau est régulier, c'est-à-dire qu'il a la même largeur en tous ses points. C'est le cas de l'éclipse *annulaire centrale.*

Enfin, la petite pièce étant légèrement déplacée vers la droite ou vers la gauche, on aperçoit de la grande une portion irrégulière plus ou moins profondément échancrée circulairement ; c'est le cas de l'éclipse *partielle*.

On voit que les éclipses de Soleil offrent plus de variété que celles de Lune.

**Pourquoi les éclipses de Soleil ne sont pas partout visibles.** — On peut lire chaque année dans les almanachs, à propos des éclipses de Soleil, les mots *éclipse invisible* ou *visible* à Paris. Il est facile en effet de comprendre par ce qui précède que si le Soleil est éclipsé, il ne l'est pas pour tout le monde. Ainsi, tandis que, dans l'exemple précédent, la grande pièce peut être cachée à l'œil droit, elle ne l'est pas à l'œil gauche, ou inversement. De même, le Soleil peut être éclipsé pour les Algériens et non éclipsé pour les Parisiens, de sorte que si l'éclipse n'était pas prédite, on ne se douterait pas qu'elle a lieu sur la plus grande partie de l'hémisphère terrestre éclairé par le Soleil au moment de l'éclipse.

Il n'en est pas de même des éclipses de Lune, qui sont visibles de *tous les lieux* pour lesquels cet astre est levé, c'est-à-dire de toute une moitié de la Terre.

On ne saurait voir la Lune au moment d'une éclipse sans la voir éclipsée, c'est-à-dire recouverte par l'ombre de la Terre. La position de l'observateur n'y fait rien.

**Prédiction d'une éclipse de Soleil.** — Le saros des Chaldéens peut être utilisé dans la prédiction des éclipses de Soleil ; mais tandis que les éclipses de Lune sont annoncées d'une manière assez précise au moyen de cette période, celles de Soleil ne peuvent l'être que très-imparfaitement. Et en effet, les trois astres se trouvant convenablement disposés pour qu'une éclipse de Soleil ait lieu, il suffira de très-faibles changements dans leurs positions relatives pour que l'éclipse ne se réalise pas, ou que, totale à une certaine époque, elle ne soit que partielle dix-huit ans onze jours après.

Ce sont les tables dont il a déjà été question qui permettent de déterminer avec toute la précision désirable les éclipses de Soleil tout comme celles de Lune ; toutefois, cette détermination est plus compliquée. Il faut indiquer les divers points de la surface de la Terre d'où l'on verra le Soleil éclipsé soit en totalité, soit en partie, et faire cette détermination pour tous les instants de la courte durée de l'éclipse. Nous ne saurions entrer dans aucun détail sur cette détermination sans dépasser la limite de cet ouvrage.

**Nombre relatif des éclipses.** — Les éclipses de Soleil n'étant pas toujours visibles, il en résulte que dans un lieu déterminé du globe on verra plus d'éclipses de Lune que d'éclipses de Soleil. On pourrait donc croire au premier abord que les premières sont les plus nombreuses. C'est le contraire qui a lieu : sur soixante-dix éclipses , il y en a quarante et une de Soleil et par conséquent vingt-neuf de Lune.

On s'explique facilement qu'il en doive être ainsi en traçant la figure suivante dans laquelle LL'l'l' représente l'orbite de la Lune. C'est dans l'intervalle de L à L' qu'ont lieu les éclipses de Soleil, tandis que celles de Lune ont lieu entre l et l'. Or ce second espace étant plus petit que le premier, il y a naturellement moins de chance que la Lune le traverse.

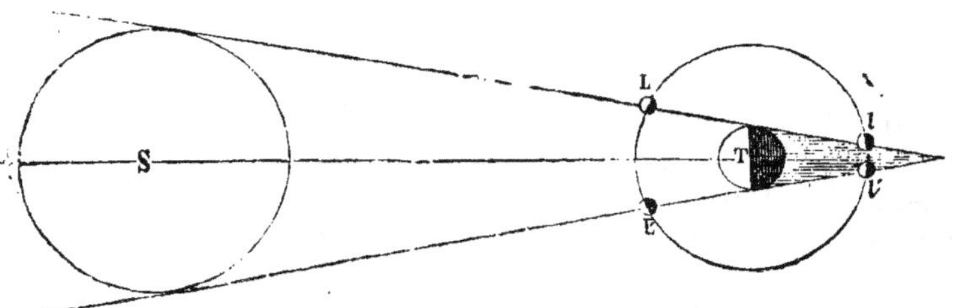

Fig. 59. — Figure destinée à expliquer le nombre relatif des éclipses.

**Nombre des éclipses dans le cours d'une année.** — On a remarqué que dans le cours d'une année il y a au moins deux éclipses et au plus sept. D'après ce qu'on vient de lire, on comprend que, s'il n'y en a seulement que deux, elles sont toutes deux de Soleil.

**Faits curieux se rattachant aux éclipses de Soleil.** — L'obscurité qu'amène une éclipse de Soleil n'est pas complète; elle ne ressemble pas à la nuit. Cela tient à ce que l'ombre de la Lune ne fait pour ainsi dire qu'une trouée dans notre atmosphère; tout autour de cette ombre il y a de la lumière. Pendant la nuit, toute une moitié de la terre est privée de lumière, ce qui est bien différent.

Cette obscurité particulière produite par les éclipses a de tout temps frappé les hommes, mais il ne faudrait pas ajouter foi à ces récits pleins d'exagération, enfantés par la crainte et par l'ignorance. On peut dire que les animaux inquiets sont surpris par cette nuit inattendue, que les oiseaux se retirent dans leurs nids comme ils le font à la tombée de la nuit, tandis que quelques animaux nocturnes se montrent tout à coup.

Au moment où, pendant une éclipse totale, le Soleil est complétement caché par la Lune, on voit, autour du cercle noir qui tient la place du Soleil, une magnifique auréole d'une forme irrégulière et d'un éclat inégal à laquelle on a donné le nom de *couronne*.

La couronne est produite par l'atmosphère du Soleil dans les parties les plus éloignées de cet astre où cette atmosphère est le plus rare.

C'est aussi pendant les éclipses totale qu'on a pour la première fois aperçu les protubérances dont nous avons parlé à propos du Soleil, et qui ont jeté une si vive lumière sur la constitution de cet astre.

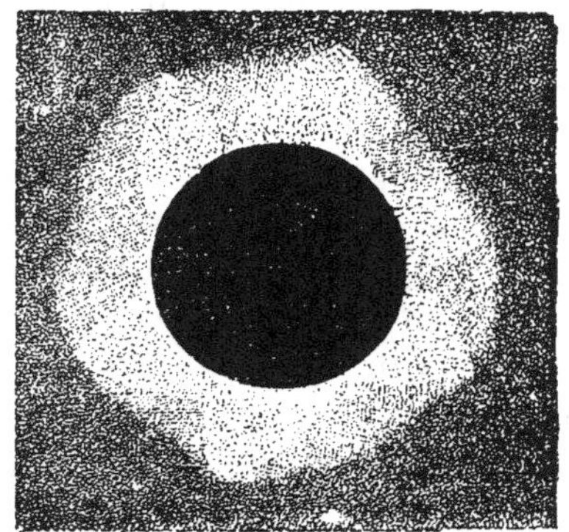

Fig. 60. — Éclipse totale avec la couronne, vue au télescope, observée à Shoolur (Inde), le 12 décembre 1870, par M. Janssen.

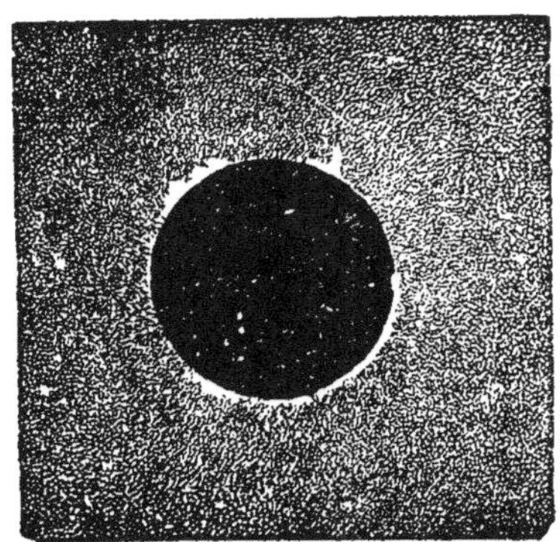

Fig. 61. — Éclipse totale avec protubérances, observée à Guntoor (Inde), le 18 août 1868, par M. Janssen.

Fig. 62. — L'éclipse de Tram, vue au télescope, au moment où se montrent les *grains de chapelet*.

Enfin, au moment où, lors d'une éclipse annulaire, la Lune.

et le Soleil deviennent tangents, on voit apparaître sur les bords en contact une série de points brillants détachés, de grandeurs différentes, qu'on a nommés *grains de chapelet*. Ce sont les montagnes de la Lune qui produisent cet effet singulier.

Citons encore un fait digne d'intérêts : on sait que, si l'on pratique une très-petite ouverture au volet d'une chambre obscure, on obtient, sur un écran convenablement disposé à l'intérieur de la chambre, une petite image du Soleil ronde comme cet astre. En faisant varier l'inclinaison de l'écran, l'image cesse d'être arrondie et devient elliptique. Pendant l'été, à l'ombre des bois, on peut observer ce phénomène : à travers les nombreux interstices que les feuilles laissent entre elles, les rayons solaires filtrent pour ainsi dire, et sur le sol, qui joue le rôle de l'écran, viennent se produire de nombreuses taches lumineuses plus ou moins arrondies suivant l'obliquité des rayons et qui sont autant d'images du Soleil.

Or, pendant les éclipses partielles, on peut voir sur l'écran dont il a été question ou sur le sol, ces images qui reproduisent tout naturellement la forme particulière du Soleil au moment de l'observation.

**Éclipses d'étoiles ou occultations; passages.** — Lorsque la Lune vient à passer devant une étoile, elle l'éclipse, mais, l'étoile n'ayant pas de dimensions apparentes, il ne saurait y avoir d'autres éclipses que des éclipses totales. Quant à la prédiction et à la détermination de ces *occultations*, elles se font à l'aide de tables.

Enfin les *passages* de Mercure et de Vénus sur le Soleil sont également prévus d'avance à l'aide de tables qui permettent de connaître les positions relatives des corps célestes à un moment quelconque.

**Utilité des éclipses.** — Les éclipses fournissent :

1° — Un moyen facile et précis de déterminer la longitude d'un point du globe.

Si, d'un autre côté, on connaît la latitude, on a tout ce qu'il faut pour fixer la position de ce point sur un globe ou sur une carte géographique.

On sait, en effet, qu'une éclipse a lieu au même instant, sinon à la même heure, pour tous ceux qui l'observent. Comme on sait d'avance l'heure précise à laquelle elle commence à Paris, il suffira de déterminer l'heure du commencement pour toute autre ville, et la différence des heures donnera celles des longitudes de Paris et de cette ville.

En réalité, ce c'est pas aussi facile qu'on pourrait le croire s'il s'agit d'une éclipse de Lune, parce que l'ombre qui recouvre la Lune n'est pas nette, mais bordée d'une ombre adoucie ou pénombre qui ne permet pas de fixer avec précision ni le commencement, ni la fin de l'éclipse, ni le moment où un point particulier du disque se trouve éclipsé.

Les éclipses de soleil seules ou les occultations peuvent être utilisées pour cette détermination.

Quant aux passages, celui de Vénus peut servir à déterminer la distance du Soleil à la Terre.

2°. — Les éclipses permettent de connaître ou de vérifier les diamètres du Soleil et de la Lune.

3° Enfin, on peut encore trouver dans les éclipses un moyen de contrôler ou de vérifier les dates.

En effet, les historiens ont mentionné les éclipses qu'ils ont vues ou dont ils ont entendu parler. Les événements qu'ils rapportent sont donc liés à ce phénomène astronomique. S'il s'agit d'une éclipse totale de Soleil, par exemple, qui est un phénomène assez rare, ou d'une autre éclipse dont tous les détails soient nettement caractérisés, on pourra, dans certains cas, en se fondant sur le saros, en remontant de proche en proche à travers les siècles, arriver à déterminer le nombre de périodes écoulées depuis les temps dont parle l'historien jusqu'à nos jours.

On voit par cet aperçu les résultats divers et les applications curieuses que nous devons à l'observation des éclipses.

## RÉSUMÉ.

Les éclipses sont dues, soit à ce qu'un corps céleste s'interpose entre la Terre et l'astre éclipsé, soit à ce que la Terre projette son ombre sur lui.

On distingue les éclipses en éclipses totales ou partielles selon que la totalité ou une partie seulement de l'astre est éclipsé.

On nomme *passage* d'une planète, la traversée apparente de la planète sur le disque solaire.

Le mot *occultations* s'applique aux éclipses d'étoiles par la Lune.

Pour qu'une éclipse puisse avoir lieu il faut :

1° Que la Lune soit pleine ou nouvelle : pleine pour une éclipse de Lune; nouvelle pour une éclipse de Soleil ;

2° Que la Lune se trouve dans le voisinage d'un nœud ou au nœud même.

Le *saros* des chaldéens est une période de 18 ans 11 jours, au bout de laquelle les éclipses se reproduisent sensiblement dans le même ordre, ce qui permet à la rigueur de les prédire sans certitude absolue ni exactitude.

Les éclipses de Soleil peuvent être totales, partielles ou annulaires.

Elles ne sont pas visibles de tous les points de la Terre pour lesquels le Soleil est levé.

Au contraire, lorsque la Lune est éclipsée, elle l'est pour tout le monde.

Les éclipses sont prédites à l'aide de tables qui permettent de connaître à chaque instant la position des astres dans le ciel.

Sur 70 éclipses, il s'en trouve 41 de Soleil et 29 de Lune.

Dans le cours d'une année il y en a au moins 2, au plus 7.

L'obscurité n'est pas complète pendant les éclipses.

C'est pendant les éclipses de Soleil qu'on a vu pour la première fois les protubérances. C'est aussi pendant ces éclipses qu'on voit la couronne, cette auréole irrégulière et d'un éclat inégal, produite par les couches de l'atmosphère du Soleil les plus éloignées de cet astre.

A l'aide des éclipses de Soleil, on peut :

1° Déterminer d'une manière facile et précise les longitudes ;

2° Vérifier la grandeur des diamètres du Soleil et de la Lune ;

3° Vérifier les dates.

Les passages de Vénus permettent de déterminer la distance de la Terre au Soleil.

## II. — GLOBES ET CARTES GÉOGRAPHIQUES.



**Figure de la Terre.** — C'est une chose bien surpre‑ nante que l'homme ait pu connaître la forme, les dimensions, le poids et les mouvements de la Terre, lorsqu'il ne lui est donné d'en voir que la petite portion qu'enserre l'horizon.

Sans doute, s'il s'élève, il voit l'horizon s'agrandir, mais en même temps qu'il embrasse du regard une étendue plus vaste, il ne peut s'éloigner assez pour l'embrasser d'un coup d'œil. Et pourtant, malgré cette situation désavanta‑ geuse, il peut faire de la Terre une image fidèle.

Ce n'est pas d'ailleurs d'une simple vue d'ensemble qu'il s'agit : il est possible de figurer les divers éléments de sa surface, de tracer les contours des mers ou des continents, les cours d'eau et les chaînes de montagnes, les limites des contrées; de marquer la place des villes, et de poursuivre ainsi jusque dans les moindres détails, comme on le fait pour le plan d'une maison, l'exacte représentation de la sur‑ face du globe.

On peut figurer la Terre de deux manières : soit à l'aide d'un globe qui en est la reproduction fidèle, soit en dessi‑ nant sur un plan, et à l'aide de certains procédés, une image plus ou moins déformée du globe ou d'une partie du globe. La première de ces représentations est le globe ter‑ restre; l'autre, les cartes géographiques.

**Construction d'un globe terrestre.** — Étant donnée une boule ou globe ou sphère, comme on voudra l'appeler, prenez sur la surface deux points diamétralement opposés, et qui figureront les pôles. Tracez une circonférence passant par ces deux points et figurant le méridien de Paris. — C'est celui à partir duquel nous comptons les longitudes; — enfin, tracez une circonférence perpendiculaire au méridien, et qui le coupe en deux parties égales ainsi que la surface du globe, ce dernier cercle figurera l'équateur.

Ces deux cercles fondamentaux une fois tracés, il ne s'agit que de multiplier les cercles semblables au méridien et pas-

Fig. 63. — Globe terrestre.

sant par les degrés de l'équateur, et de mener des cercles parallèles à l'équateur par les divers degrés du méridien. Les premiers cercles figurent les divers méridiens et sont tous égaux, les seconds sont les parallèles, tous différents et d'autant plus petits qu'ils sont plus voisins des pôles.

Maintenant le globe est couvert d'un réseau ; méridiens et parallèles s'entre-croisent, formant les mailles plus ou moins grandes du réseau. Chaque méridien répond à une longitude, chaque parallèle à une latitude. Il suffit donc de connaître la longitude et la latitude d'un point de la surface de la Terre, pour en marquer la place sur le globe en construction (1).

(1) Voir ce qui a été dit plus haut, pages 34 et 35 : *méridiens; équateur ; parallèles*.

Quand on a suffisamment multiplié les points du contour d'un pays, on les unira par un trait continu qui sera le contour de ce pays (1).

**Cartes géographiques.** — La construction des cartes est loin de se présenter aussi simplement à l'esprit. Il ne s'agit plus en effet de représenter la Terre qui est un globe par un autre globe, c'est-à-dire un corps par un autre de forme semblable, mais de représenter à plat quelque chose de bombé. Ainsi le buste d'une personne peut être la reproduction exacte de la personne, tandis que le portrait de la même personne n'en est que l'aspect. A ce point de vue on peut se figurer une carte comme un portrait de la Terre.

Pour bien faire comprendre la difficulté de cette représentation de la Terre par une carte, il suffit d'observer que si l'on essaye d'aplanir un ballon en papier, on ne peut le faire sans le plier ou le déchirer, et encore on n'y parvient pas complétement.

Il en serait tout autrement si la Terre avait la forme d'un tuyau ou d'un pain de sucre, ou, pour employer les termes techniques, si la Terre avait la forme d'un cylindre ou celle d'un cône. Qu'on imagine en effet un pareil corps en papier, ou recouvert de papier, rien ne sera plus aisé que de dérouler ou développer ce papier sans le déformer ni le déchirer. Ces surfaces sont qualifiées pour cette raison de surfaces *développables* par les géomètres.

Toute carte géographique présente donc des déformations plus ou moins profondes, et on ne saurait prétendre à une reproduction fidèle de la surface de la Terre par ce moyen. La seule portion de la surface du globe qu'on puisse figurer sur un plan avec une certaine exactitude est celle qu'enferme un horizon restreint, l'étendue de Paris par exemple. Dès qu'il s'agit de la surface d'un département, la chose n'est plus possible.

On aurait d'ailleurs tort de croire qu'en construisant des cartes, les géographes poursuivent un but qu'on ne peut atteindre. Qu'importe-t-il en effet de connaître? La position relative des lieux? — Cela se peut à l'aide des longitudes et

_________

(1) Nous donnons là une idée théorique de la construction des globes, et nous n'entrons pas à dessein dans les détails de la construction, ni dans l'étude des procédés pratiques des constructeurs.

des latitudes. — S'agit-il de l'étendue relative des divers pays ? — Les procédés employés permettent, bien que les contrées représentées n'aient pas chacune leur forme vraie, de leur laisser leurs étendues relatives. On peut même, sur la carte, conserver aux chaînes de montagnes, aux détroits, etc., la direction qu'ils ont sur la Terre.

**Projections.** — Pour donner une idée des procédés employés sous le nom de *projections* dans la construction des cartes, imaginons qu'on ait d'abord exécuté un globe terrestre creux en papier, avec méridiens et parallèles. Découpons-en maintenant une portion destinée à devenir une carte. Il est évident que plus la portion sera petite et plus il sera facile de l'étaler à plat.

Il n'est même pas impossible de choisir une assez grande partie du globe qui puisse être développée : il suffit de découper une *zone* ou ceinture, c'est-à-dire une bande comprise entre deux parallèles. Plusl a zone sera étroite, plus la chose sera aisée.

Supposons qu'on ait ainsi découpé toute la région dont l'Équateur occupe le milieu et qui s'étend à une petite distance au nord et au sud de cette ligne. Déroulons cette bande, et les méridiens ou plutôt les portions de méridiens seront représentés par des lignes droites parallèles, à égale distance les unes des autres ; les parallèles seront figurés par des lignes parallèles et équidistantes.

Voilà le canevas le plus simple à tracer ; c'est un réseau formé de carrés égaux. Si donc nous voulons faire la carte de toute la région équatoriale, nous n'avons qu'à tracer sur une feuille de papier des lignes équidistantes s'entrecoupant perpendiculairement, ou, mieux encore, à prendre une feuille de papier tout quadrillé. Les lignes dirigées dans un sens seront les méridiens, celles qui sont perpendiculaires seront les parallèles. Il ne reste plus qu'à y placer les divers points du globe déterminés chacun par sa longitude et sa latitude.

On pourra employer le même procédé pour construire la carte de toute portion de la surface de la Terre comprise entre deux parallèles très-voisins.

Si du globe en papier l'on découpe une portion quelconque plus ou moins étendue, il est facile de voir qu'on ne pourra plus l'aplanir, et que, pour la reproduire sur une feuille de papier sans trop d'inexactitude, il faudra représenter les parallèles par des courbes parallèles et équidistantes, et les méridiens, par des lignes droites ou plus exactement par des courbes équidistantes et convergentes. La convergence devra

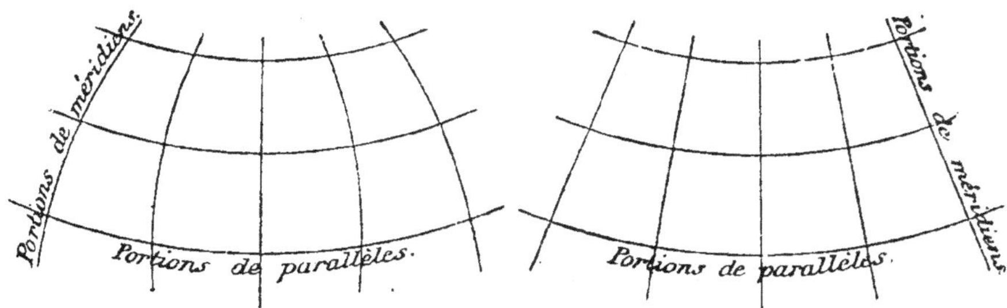


Fig. 64. — Canevas divers.

être d'autant plus prononcée que la portion représentée sera plus voisine de l'un des pôles.

Lorsqu'on veut représenter sur un plan la surface entière de la Terre, c'est-à-dire la mappemonde (1), on ne saurait es-

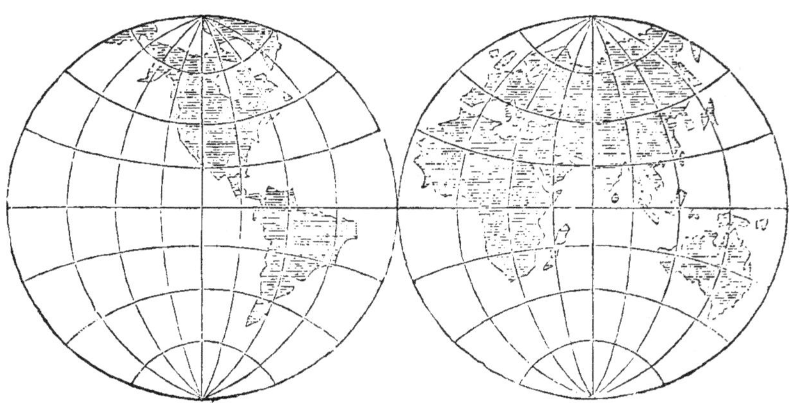

Fig. 65. — Mappemonde.

pérer d'obtenir une image plus ou moins fidèle. Les contrées n'ont alors ni leurs formes véritables ni leurs étendues relatives. Ce qui ajoute encore à l'imperfection, c'est que les dé-

(1) Mappe ou nappe, c'est-à-dire le monde étalé à plat comme une nappe sur la table.

formations sont plus ou moins prononcées selon les parties
considérées. Néanmoins chaque point a sa longitude et sa
latitude vraies.

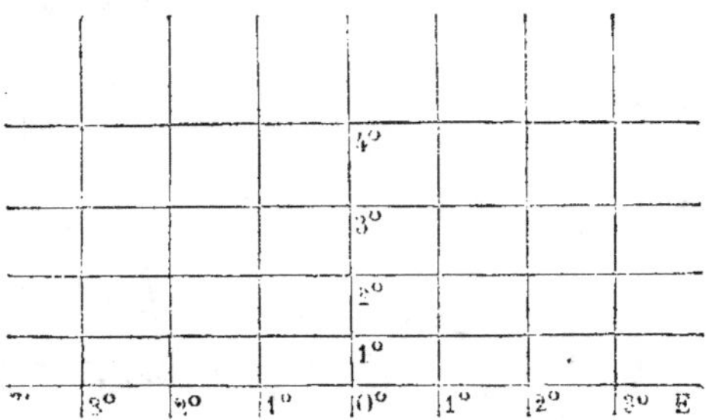

Fig. 66. — Canevas pour carte marine.

Nous ne saurions indiquer ici la théorie sur laquelle re-
posent les procédés employés dans la construction des
mappemondes.

Dans la construction des cartes marines, on ne se préoc-
cupe ni de la forme, ni de l'étendue relative des continents,

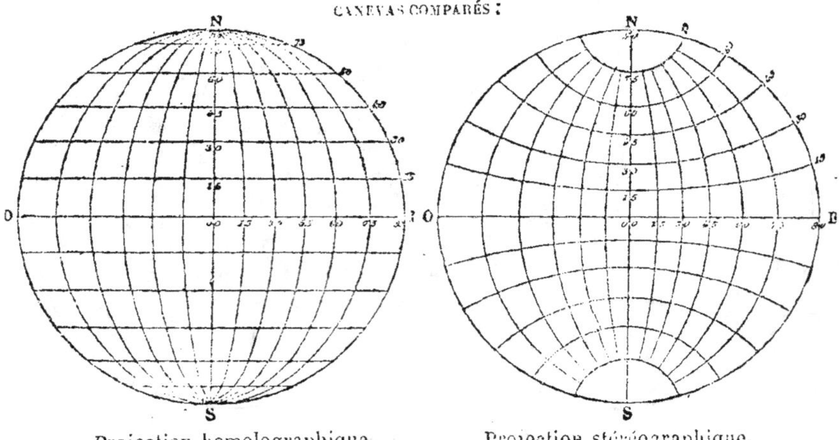


Fig. 67.

mais seulement de la route à suivre par le navire ; c'est donc
l'exactitude des directions qui importe.

L'emploi d'un mode de projection que Babinet a fait re-
vivre, la projection *homolographique*, a permis de construire

des cartes dans lesquelles les continents sont très-déformés, il est vrai, mais l'étendue relative des divers pays est la même sur le globe et sur la carte ; aussi peut-on juger de la grandeur comparée de la terre et des mers, des contrées, etc. En outre, la direction des chaînes de montagnes est la même sur la Terre et sur la carte.

Sur ces cartes, les parallèles sont représentés par des lignes droites qu'il suffit de suivre du regard pour voir tous les points qui répondent à une même latitude, tandis que dans les autres cartes, où les parallèles sont figurés par des courbes, des points qui ont la même latitude se trouvent sur la carte à des distances différentes de l'Équateur, ce qui cause bien des erreurs.

**Globes et cartes célestes.** — Les étoiles sont répandues sur la sphère idéale qu'on nomme sphère céleste, comme les villes le sont sur le globe terrestre. Tout ce qui précède s'applique donc à la construction des *globes* ou des *cartes du ciel*. La position de chaque étoile est déterminée par deux éléments semblables à la latitude et à la longitude, mais qui portent d'autres noms (*ascension droite* et *déclinaison*).

**Utilité des globes et des cartes.** — C'est la carte à la main que le voyageur doit parcourir les pays, et lorsque déjà il connaît de ces pays les productions naturelles, l'industrie et le commerce, les événements dont ils ont été le théâtre et les monuments curieux qu'on y trouve.

C'est aussi la carte qu'il faut interroger si l'on veut avoir l'intelligence des événements historiques et politiques. Les chaînes de montagnes, les cours d'eau, la mer, sont les premières limites dans lesquelles les peuples se trouvent renfermés et où ils se développent avec leurs caractères particuliers, leurs mœurs, leurs usages et leur langue, et lorsque des conquérants, comme Alexandre, César ou Napoléon, constitueront un instant par la force ces groupements artificiels qu'on nomme des empires, ce sont encore ces mêmes éléments géographiques qui donnent la raison de la chute et du démembrement de ces empires.

Les migrations des peuples ou leur état sédentaire, leur développement lent ou rapide, leur génie propre, leurs institutions, s'expliquent par la configuration du pays, le climat et la nature du sol. L'étude de la géographie est donc liée à celle de l'histoire, et ce ne sont à proprement parler que les deux branches d'une science unique.

## RÉSUMÉ

On représente la Terre ou des portions de la Terre de deux manières : par des globes terrestres ou des cartes géographiques.

Les globes sont des représentations exactes de la Terre. Leur construction ressemble au travail pour lequel on reproduit un dessin en tapisserie.

Le globe est recouvert d'un réseau de lignes qui figurent les méridiens et les parallèles, et chaque lieu est déterminé par sa longitude et par sa latitude.

Les cartes géographiques sont des représentations le plus souvent inexactes de la Terre ou d'une portion de sa surface, mais qui fournissent la longitude et la latitude de chaque lieu.

Certaines cartes donnent l'étendue relative des divers pays.

Les cartes marines donnent les directions nécessaires aux navigateurs.

Les procédés dont on se sert pour obtenir ces représentations portent le nom de projections.

La construction de globes ou cartes célestes ne diffère pas au fond de celle des globes et cartes terrestres.

Les globes et les cartes sont utiles au voyageur, à l'historien, au philosophe, etc.

## III. — MARÉES.



**Définition.** — Les *marées* sont des mouvements réguliers et périodiques de la mer. Pendant six heures environ, la mer s'éloigne de plus en plus du rivage ou s'abaisse sans s'éloigner. Ce premier mouvement a reçu le nom de *flux*. Pendant les six heures qui suivent, elle s'élève ou revient peu à peu vers le rivage qu'elle atteint au bout de la sixième heure ; ce second mouvement est le *reflux*.

Ainsi, toutes les douze heures, le double mouvement est accompli.

La première période porte encore le nom de *marée basse*; la seconde, celle de *marée haute*. La *basse mer* répond au plus grand éloignement des côtes ; la *haute mer* répond au moment de la plus grande élévation.

Naturellement, la mer n'abandonne le rivage que dans les parties des côtes où elle a peu de profondeur ; sur les autres points sa profondeur diminue sans que le rivage soit mis à sec.

D'ailleurs, pour des causes diverses dont nous allons parler, les marées diffèrent beaucoup de hauteur selon les localités.

**Cause des marées.** — Les marées sont dues aux attractions combinées de la Lune et du Soleil, mais c'est particulièrement la Lune qui agit, parce qu'elle est relativement peu éloignée de la Terre. Tout ce qui va être dit de l'action de la Lune est applicable au Soleil, à la différence de l'intensité près.

Examinons d'abord ce qui se passe pour le point du globe qui est en regard de la Lune, c'est-à-dire sur la ligne qui

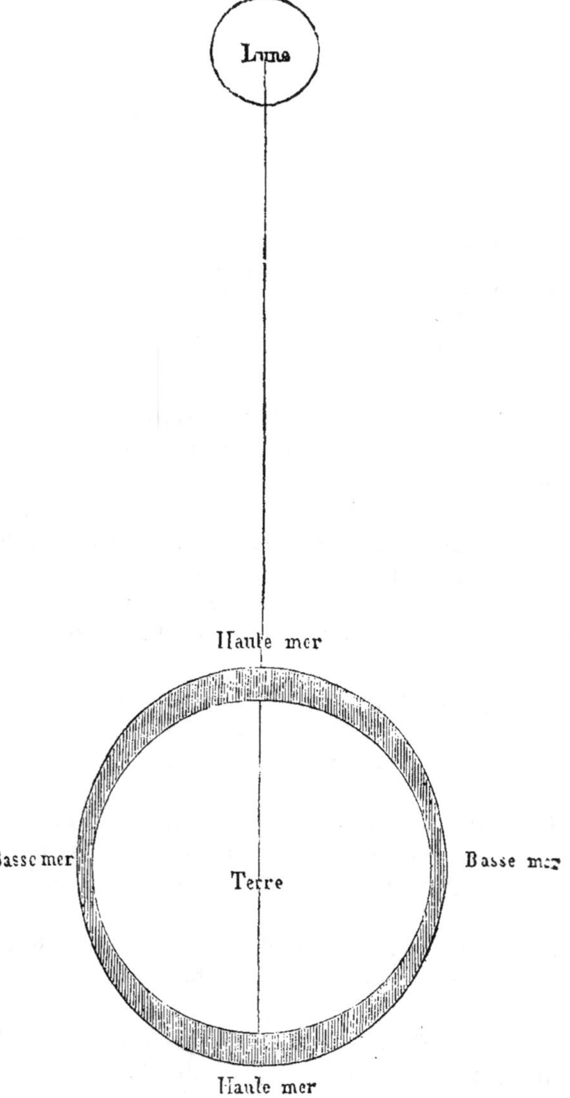


Fig. 68. — Action de la Lune sur les eaux de la mer.

joint les centres des deux astres. En ce point, la mer s'élève, se ramasse, forme une véritable colline avec les eaux qui affluent de tous les points environnants jusqu'aux limites de l'hémisphère terrestre pour lequel la Lune est levée.

Le flux s'est donc produit sur tout le contour de l'hémisphère, et la haute mer a lieu pour le point du globe placé juste en face de la Lune.

La mer s'arrête dans son ascension vers la Lune, retenue qu'elle est par la Terre ; elle s'élance pour ainsi dire vers la Lune qui l'attire, mais elle ne peut rompre les liens invisibles qui l'attachent à la Terre.

Si la Lune et la Terre étaient immobiles, la colline liquide se serait formée une fois pour toutes, et il n'y aurait ni flux ni reflux. La surface des mers serait bombée du côté de la Lune. Mais la Terre et la Lune se déplacent : la Terre tourne sur elle-même, et la Lune, autour de la Terre.

Il en résulte que la Terre présente successivement tous les points de sa surface à la Lune dans l'espace de 25 heures environ. — Ce serait 24 heures, si la Terre seule était animée de mouvement.

La montagne liquide, qui se forme toujours en regard de la Lune, se déplace donc à chaque instant. A peine formée, sur un point, elle tend à se former sur le point voisin toujours en regard de la Lune qui entraîne les eaux. En même temps les eaux refluent vers les rivages précédemment abandonnés.

La haute mer, après s'être formée en un point du globe, s'y formera 25 heures après, et de même pour la basse mer. D'après cela, le flux et le reflux se suivraient donc à douze heures d'intervalle au lieu de six, comme cela a lieu en réalité.

Mais le phénomène est double. L'élévation et l'abaissement des eaux se produisent au même moment en deux points de la Terre diamétralement opposés, c'est-à dire sur le point le plus rapproché de la Lune et sur celui qui en est le plus éloigné.

On comprend bien l'accumulation et l'élévation des eaux sur le premier de ces points, mais on ne s'explique pas cette même élévation sur le second. Pour s'en rendre compte, il faut observer que sur le point de notre globe le plus éloigné de la Lune, et qui est aux antipodes du premier, l'attraction est la plus faible ; tout autour de ce point, aux limites de l'hémisphère dont il est le milieu, l'attraction est plus forte. De la sorte, la mer, en ce point, est pour ainsi dire laissée en arrière, et tandis que d'un côté, — en regard de la Lune, — l'élévation des eaux résulte d'un excès d'attraction, sur le point opposé, l'élévation résulte d'un défaut d'attraction. C'est donc bien à six heures d'intervalle que doivent se suivre le flux et le reflux.

**Action comparée du Soleil à celle de la Lune.** — L'action du Soleil ne diffère de celle de la Lune que par l'énergie. Sans doute, le Soleil est incomparablement plus grand et plus lourd que la Lune, mais il est environ quatre cents fois plus éloigné, et la grandeur de la distance fait plus que compenser la différence de masse. On ne sera donc pas étonné que le Soleil ne produise qu'un effet de moitié moindre que celui de la Lune. Ainsi, tandis que l'action de la Lune exhausse les eaux de 50 centimètres, l'action du Soleil détermine une élévation de 25 centimètres

D'après cela, si le Soleil et la Lune agissaient toujours de concert, la haute mer serait constamment la somme des actions exercées par les deux astres, et égale, en conséquence, à 75 centimètres environ.

**Variations dans les hauteurs des marées.** — 1° *Marées maxima.* — Pour que l'action du Soleil s'ajoute à celle de la Lune, il faut que les centres des trois astres se trouvent en ligne droite, comme au moment d'une éclipse. Les plus fortes marées concordent donc avec les éclipses.

2° *Marées des syzygies, marées des quadratures.* — En dehors de ces rares occasions, les grandes marées ont lieu tout naturellement aux syzygies, c'est-à-dire à la pleine et à la nouvelle lune, et les petites marées aux quadratures, c'est-à-dire au premier et au dernier quartier.

Dans le premier cas, les astres sont, sinon en ligne droite, au moins dans le même plan méridien et leurs effets concordent ; dans le second cas, les astres sont dans des plans qui se coupent à angle droit et leurs effets se différencient.

3° *Marées ordinaires.* — Voyons maintenant ce qui se passe dans l'intervalle des phases lunaires : chaque jour les positions relatives du Soleil, de la Terre et de la Lune varient, et naturellement aussi la hauteur des marées. C'est, à un degré moindre, ce qui se passe au moment des phases.

4° *Influence de l'étendue des mers.* — Non-seulement la hauteur des marées varie pour un même endroit, mais d'une mer à l'autre on peut trouver des différences. Lorsque la mer a peu d'étendue, comme la Méditerranée, c'est à peine si l'on observe de faibles variations de niveau sur certains rivages. A plus forte raison, lorsqu'il s'agit de la mer Caspienne ou des grands lacs, ne constate-t-on aucun mouvement qui ressemble au flux et au reflux.

Voici l'explication : Le point que la Lune attire avec la plus grande force n'est pas en réalité un point, mais une étendue assez considérable, de sorte que, si elle agit sur les eaux de la mer Caspienne ou de la mer Noire, elle attire la masse entière des eaux ; autant les bords que le milieu. Dès lors, il ne saurait se former, en un point particulier, l'élévation qui produit le flux sur les points environnants.

En outre, dans les mers peu étendues, la profondeur est faible, et le frottement des eaux sur leur lit est très-grand relativement à la masse des eaux qui pourraient être entraînées.

5° *Influence de la configuration des côtes.* — Nous avons dit que l'élévation des eaux produite par la Lune est de 50 centimètres environ, et à peu près double de l'effet produit par le Soleil. Comment s'expliquent dès lors ces mouvements impétueux, et cette élévation des eaux, variable selon les côtes, qui atteint sur certains points jusqu'à treize mètres de hauteur ?

C'est à la surface des océans, où les eaux s'étalent librement sur une vaste étendue, où l'action des astres n'est pas gênée, que l'élévation des eaux est telle que la théorie l'indique. Il n'en est plus de même lorsque les eaux de la mer s'engagent dans ces étroits passages qu'on nomme détroits et se heurtent contre les roches qui leur barrent la route.

Quand un détroit est très-resserré, il arrive que les mouvements de l'une des mers ne se transmettent pas à l'autre ; ainsi les marées de l'Océan n'influent pas sur la Méditerranée, parce que l'entrée du détroit de Gibraltar n'est pas suffisante.

Dans la Manche, au contraire, l'accès est facile ; mais à peine l'océan Atlantique est-il engagé dans le détroit que le canal se resserre devant ses eaux. Celles-ci s'accumulent, s'amoncellent comme la foule répandue sur la place publique lorsqu'elle s'écoule par des rues étroites.

Si, de plus, il existe des terres qui forment une sorte de barrage, comme il arrive dans la Manche pour la petite presqu'île du Cotentin qui forme le département de la Manche les mouvements sont d'une grande violence et l'élévation des eaux est relativement considérable.

En résumé, les marées sont modifiées :

Par les positions relatives de la Lune, du Soleil et de la Terre ;

Par l'étendue et la profondeur des mers ;

Par la configuration des côtes.

**Remarque.** — Il semble tout naturel de penser que la haute mer doit avoir lieu au moment du passage de la Lune au méridien, — c'est-à-dire au midi et au minuit lunaires, — et la basse mer six heures avant ou après.

On peut croire également que les hautes mers des syzygies doivent se produire au moment précis de la pleine ou de la nouvelle lune.

C'est bien au moment du passage de la Lune au méridien que l'attraction est la plus grande ; c'est bien aussi au moment précis de la pleine et de la nouvelle lune, mais il faut tenir compte et de la vitesse acquise précédemment par les eaux, et aussi du frottement qui se produit sur une partie du fond.

Ainsi, quand un corps a roulé sur une pente, et qu'il est arrivé au bas de la pente, il n'en continue pas moins sa marche, bien que la cause qui a déterminé son mouvement ait cessé d'agir. L'action de la Lune est une suite d'attractions sur des points différents qui produit une succession de mouvements dont l'intensité augmente avec le nombre et augmenterait plus encore sans les frottements qui se développent.

Ceci s'applique aussi bien aux marées des syzygies qu'aux marées journalières ; mais naturellement le retard est plus grand, parce que l'effet se produit dans un temps plus long.

**Effets produits par les marées.** — Les flots venant battre avec force les roches qui forment les côtes, les rongent peu à peu à la base, si bien que la partie supérieure surplombe, forme la voûte et finit par s'écrouler. Peu à peu le rivage est transformé, des baies, des golfes même sont produits quelquefois par l'invasion des eaux à la suite d'une rupture.

Les débris sont ensuite roulés, ballottés, réduits en fragments de plus en plus petits et d'autant mieux arrondis. Ils forment des galets de diverses grosseurs, et du sable plus ou moins fin.

Sur d'autres rivages le flot amène sans cesse du sable que

le reflux ne peut entraîner, parce qu'au début de son mouvement il est sans force. Il se forme ainsi tout le long de la côte un bourrelet sablonneux que le vent dessèche et entraîne dans l'intérieur des terres. Ce sable recouvre ensuite la terre fertile et la change en ces dunes stériles qui règnent sur une grande partie de notre littoral.

Ainsi, en même temps que sur certains points les falaises sont détruites, sur d'autres les débris servent à l'édification de nouveaux rivages.

### RÉSUMÉ

Les marées sont des mouvements réguliers et périodiques de la mer.

Elles se divisent en deux mouvements principaux : le flux et le reflux qui se suivent à six heures d'intervalle environ.

Les marées sont dues à l'attraction de la lune et du soleil. L'effet de la lune est double de celui du soleil.

La hauteur des marées varie :

1° Avec la position relative de la lune, du soleil et de la terre; ainsi les marées de la pleine et de la nouvelle lune sont les plus hautes; celles des quadratures les plus basses;

2° Avec l'étendue des mers et la configuration des côtes, ainsi s'explique l'absence des marées dans les mers de peu d'étendue, et l'élévation relativement considérable dans les parties de la mer resserrées entre les côtes.

La haute et la basse mer sont en retard sur le moment du passage de la lune au méridien; cela tient à ce que les eaux possèdent une vitesse acquise par la continuité de l'attraction.

Les marées ont un double effet : d'une part, le flux forme un cordon de sable sur le rivage, de l'autre, les eaux rongent le pied des falaises et déterminent leur éboulement.

# IV. — MESURE DU TEMPS.

## § 1. — CADRANS SOLAIRES.

SOMMAIRE. — Cadrans solaires. — Idée de leur construction. — Inconvénients qu'ils présentent. — Résumé.

**Cadrans solaires.** — Les arbres, les monuments projettent aux divers moments de la journée leurs ombres sur le sol. D'abord pâles et élancées au lever du Soleil, elles deviennent

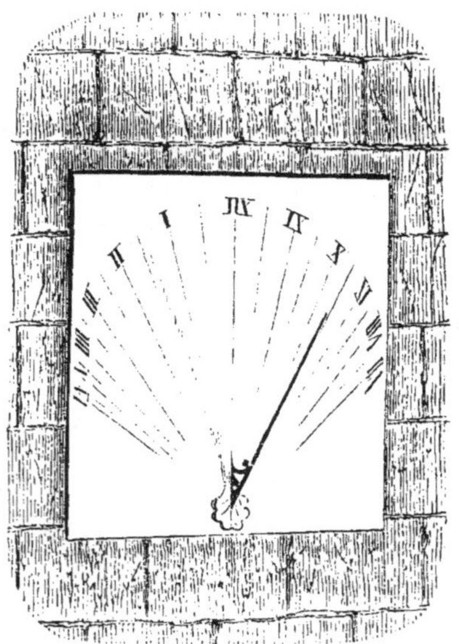

Fig. 69. — Cadran solaire.

de plus en plus sombres et courtes à mesure que l'astre s'avance vers le méridien. Au moment du passage, l'ombre est la plus courte et la plus noire. A partir de ce moment, les ombres s'allongent de nouveau en devenant plus claires jusqu'au coucher du soleil.

Il est donc tout naturel de penser que, dès la plus haute antiquité, les hommes aient songé à se servir de l'ombre d'un corps comme d'un moyen de diviser la journée. De là l'invention du *cadran solaire*.

Le cadran solaire est en effet un plan sur lequel est plantée une tige qu'on nomme *style* ou *gnomon* (1) du pied de laquelle partent des lignes répondant aux diverses heures de la journée et sur lesquelles vient se coucher l'ombre du gnomon à l'heure indiquée.

**Idée de leur construction.** — Dans sa course apparente le Soleil décrit dans le ciel une circonférence autour de l'axe du monde. Si donc on implante le style sur le plan dans la direction de cet axe, le cercle décrit par le soleil sera perpendiculaire au style.

Lorsqu'il sera parvenu au milieu de sa course, qui répond au milieu de la journée, on marquera, sur le plan, par un trait, la trace de l'ombre ; ce trait répond à 12 heures ou midi. Il ne s'agit plus que de décrire, sur le plan, une circonférence quelconque dont le centre se trouve au pied du gnomon et de diviser cette circonférence en vingt-quatre parties égales, à partir du point midi. Il y aura douze points de division d'un côté, douze de l'autre qui répondront aux diverses heures de la journée, mais, tout naturellement, il n'y aura d'indications possibles que du lever au coucher du Soleil.

Le cadran peut être horizontal, ou vertical ou diversement incliné par rapport aux rayons solaires.

Le tracé d'un cadran sur un mur est surtout un problème de géométrie ; nous n'insisterons donc pas sur ce point, notre but étant de donner seulement une idée des cadrans solaires.

**Inconvénients qu'ils présentent.** — Le temps que mesurent les cadrans est le temps *vrai*, c'est-à-dire qu'il est déterminé par les mouvements de la Terre ; mais nous savons que la marche de la Terre n'est pas régulière et que tous les jours ne sont pas d'égale durée. Or, dans les usages de la vie, les jours doivent être égaux.

Or, les aiguilles de nos horloges bien réglées mettent toujours le même temps à faire le tour du cadran. Si donc, un

_______________

(1) Du grec *gnomos* qui signifie *indicateur*, d'où est venu le mot *gnomonique*, art de construire les cadrans solaires.

certain jour, l'aiguille marque midi au moment où le Soleil passe au méridien, cet accord n'aura plus lieu les jours suivants, et, selon l'époque de l'année, il y aura avance ou retard de l'aiguille sur le Soleil.

Les choses se passent de manière que le temps total soit pourtant le même au bout de l'année. Le Soleil ou plutôt la Terre et l'aiguille sont comme deux voyageurs qui parcourent le même trajet; mais, tandis que l'un marche d'un pas irrégulier, l'autre marche au contraire toujours du même pas.

Inutile d'ajouter après ce qui vient d'être dit qu'il ne faut pas régler sa montre sur le Soleil, et qu'une montre qui marcherait comme le Soleil n'aurait pas une marche régulière.

Le jour indiqué par les horloges, étant une moyenne des *jours vrais*, porte le nom de *jour moyen*. De là les dénominations de *t mps vrai* et de *temps moyen*.

A cet inconvénient relativement peu important il faut ajouter que le cadran solaire n'indique pas les heures pendant la nuit, et même pendant le jour toutes les fois que le Soleil ne se montre pas.


### RÉSUMÉ

Un cadran solaire est une surface sur laquelle est implantée une tige nommée style ou gnomon parallèle à l'axe du monde, et du pied de laquelle partent des lignes répondant aux diverses heures de la journée. Sur chacune de ces lignes vient se coucher l'ombre du gnomon à l'heure indiquée.

Le cadran peut être horizontal ou vertical, et diversement incliné par rapport aux rayons solaires.

Les cadrans solaires présentent plusieurs inconvénients : 1° les jours vrais ne sont pas égaux et les heures indiquées par le cadran ne concordent pas avec celles de nos horloges ; 2° ils ne servent que pendant le jour et lo squ'il fait soleil.

## § 2. — CALENDRIER.

SOMMAIRE. — Définition. — Divisions du temps. — Année civile, année tropique. — Années des Anciens. — Années communes, années bissextiles. — Dernière réforme. — Dénomination des mois et des jours. — Indications diverses : 1° Épacte et nombre d'or; 2° Lettre dominicale; 3° Les fêtes. — Résumé.

**Définition.** — Le *calendrier* (1) est un tableau qui renferme la suite des jours de l'année, groupés par mois, avec l'indication des fêtes, des phases de la Lune, et quelques autres renseignements secondaires. Si l'on y ajoute des notions diverses, des connaissances utiles, le calendrier prend plus particulièrement le nom d'*almanach* (2).

**Divisions du temps.** — Certaines divisions du temps sont naturelles, ainsi le *jour* est la durée du mouvement de la Terre sur elle-même, l'*année* est le temps employé par la Terre à tourner autour du Soleil; le *mois* et la *semaine* répondent au mois lunaire et à la durée des phases. Les autres divisions telles que les *heures*, les *minutes*, les *secondes* sont artificielles comme le groupement de cent ans que nous nommons *siècle*.

De même que le jour vrai diffère du jour moyen ou civil, de même l'année vraie n'est pas identique à la durée du mouvement de translation.

**Année civile, année tropique.** — L'année *civile*, c'est-à-dire celle d'après laquelle nous nous réglons dans les usages de la vie, doit se composer nécessairement d'un nombre exact de jours, tandis que l'année *tropique*, qui est l'année vraie, puisque c'est la durée du mouvement de translation de la Terre, se compose d'un certain nombre de jours (365),

(1) De *Calendes*, nom par lequel les Romains désignaient le premier jour de chaque mois.

(2) D'un mot arabe, composé de *al* qui est l'article et du mot *manach* qui signifie *compter*.

plus une fraction de jour. C'est-à-dire que la Terre, après avoir fait sur elle-même 365 tours, n'a pas terminé sa révolution autour du Soleil ; pour l'achever, il lui faut commencer le 366° tour.

L'année *tropique* (1) est de 365 jours 5 heures 48 minutes 49,6 secondes ou, si l'on préfère, 365 jours, 2422 environ. Ainsi, au bout de ce temps, si l'on a commencé à compter à partir d'un équinoxe, on se retrouve au même équinoxe.

**Années des Anciens.** — Nous l'avons déjà dit, les mouvements de la Lune étant très-apparents, très-faciles à observer à cause de la succession des phases, et en outre de peu de durée, il est bien naturel que dès la plus haute antiquité ils aient servi à mesurer le temps.

Le passage d'une phase àla suivante dure sensiblement sept jours, et le retour à une même phase s'effectue en vingt-neuf jours et demi. Voilà donc la semaine et le mois tout trouvés. Le mot mois a d'ailleurs la même origine que le mot lune. C'est avec un groupement de mois que les Anciens ont d'abord formé l'année, et il dut se passer un long temps avant qu'on pût établir un accord entre les deux périodes, celle du mois lunaire et celle de l'année, l'un ne se trouvant pas être une division exacte de l'autre : douze mois de 29 jours et demi font en effet 354 jours ; tandis que l'année en contient 365,2422 environ.

Les Hébreux, qui se servent encore dans les usages religieux de l'année lunaire, comptent des années de douze mois, et, de temps en temps des années de treize mois pour compenser la différence des onze jours qu'il y a chaque année entre 354 et 365. Cela suppose la connaissance de ce fait d'observation que 19 années tropiques, soit 6939,6 jours, contiennent le même nombre de jours que 235 lunaisons, soit 6939, 69 jours.

Il s'agit donc de répartir les 235 mois lunaires dans les 19 années ; on y arrive aisément en faisant 12 années de 12 mois, soit 144 mois, et 7 années de 13 mois, soit 91 mois, en tout $144 + 91 = 235$ mois.

Nous ne parlerons pas des autres modes de division de l'année chez les Anciens qui n'offrent qu'un intérêt de curiosité. L'exemple que nous venons de citer est suffisant, en même temps que très-propre à faire comprendre comment on a été

_______________

(1) D'un mot grec qui signifie *tourner.*

conduit laborieusement à former des mois de trente ou de trente et un jours, avec cette autre singularité d'un mois de vingt-huit ou de vingt-neuf jours.

C'est en effet avec cette augmentation dans la longueur du mois qu'on est arrivé à retrouver les 11 jours qui manquent à 354, période de douze mois lunaires, pour atteindre 365, durée approximative de l'année tropique. Cette petite différence d'un jour dans la durée d'un mois ne présente pas d'inconvénients, et elle suffit, comme on le voit, pour améliorer considérablement la composition de l'année.

**Années communes, années bissextiles.** — Ce n'est pas tout que d'avoir fait une année de 365 jours puisque l'année vraie est de 365,2422 jours ou à peu près 365 jours un quart. Sans doute, ce quart est peu de chose, mais au bout de cent vingt ans, ces quarts accumulés produiront un mois et au bout de quelques siècles le désordre sera dans les saisons aussi bien que dans les usages de la vie.

Admettons qu'il s'agisse d'un quart de jour juste. Tous les quatre ans, les quatre quarts réunis formeront un jour; il ne s'agira donc que d'ajouter un jour à l'année tous les quatre ans pour faire concorder l'année civile avec l'année astronomique.

C'est ce qu'on a fait, et voilà pourquoi le mois de février, qui communément a 28 jours, en compte 29 tous les quatre ans. Donc, sur quatre années consécutives, il y en a trois de 365 jours, ce sont les années ordinaires ou *communes* et une de 366 ou année *bissextile* (1).

(1) Le jour ajouté se nomme *bissexte* formé du latin *bis*, deux fois, et *sextus*, sixième. C'est comme si l'on disait le *second sixième*. Pour se rendre compte de cette appellation bizarre au premier abord, il faut se rappeler que les Romains ne comptaient pas les jours du mois de un à trente comme nous le faisons. Pour désigner un jour, ils disaient de combien ce jour précédait ou suivait un jour déterminé. Par exemple, le premier jour d'un mois se nommant Calendes, les jours de la fin du mois précédent s'énonçaient ainsi : premier, deuxième, troisième, etc., jour avant les calendes de tel ou tel mois, et, pour les premiers jours du mois courant, on disait : premier, deuxième, troisième, etc., jour après les calendes de tel ou tel mois.

Nous employons un procédé analogue quand nous disons : l'avant-veille ou la veille de tel jour ou bien le lendemain, le sur-lendemain de tel jour.

Or, le jour ajouté ou le bissexte venait après le sixième, et pour ne pas dire le septième jour avant les calendes de mars on disait le second sixième.

On voit par là que cette modification du calendrier est due aux Romains; c'est en effet sous Jules César qu'elle fut introduite par les astronomes de l'époque et en particulier par Sosigène d'Alexandrie. Le nom de Jules César n'en est pas moins resté attaché à la réforme qui se nomme *réforme julienne*.

**Dernière réforme.** — Cette première réforme du calendrier pouvait bien suffire pendant quelque temps, mais l'année, avons-nous dit, n'est pas de 365 jours un quart ou 365 jours 6 heures. La différence est très-faible, il est vrai, mais il n'y a pas de fraction, si petite qu'elle soit, qui, se répétant chaque année, ne produise par l'accumulation au bout d'un certain nombre de siècles, non-seulement des heures, mais des jours et des mois.

La différence entre 365 jours, 2422, durée approchée de l'année tropique, et 365 jours un quart, ou 365 jours, 25 est de 78 dix-millièmes de jour, ou, en divisions du jour, 11 minutes, 8 secondes.

Depuis la première réforme et jusqu'au seizième siècle, cette faible différence avait produit une dizaine de jours. En effet, 0,0078 de jour par an, cela fait 0,78 de jour par siècle. Admettons qu'il s'agisse de 0,75 de jour ou de trois quarts de jour, soit pour quatre siècles ou quatre cents ans, quatre fois plus ou douze quarts, c'est-à-dire trois jours, il s'agira de supprimer trois jours tous les quatre siècles. Or, les années séculaires comme 1600, 1700, 1800, étaient bissextiles, il a donc suffi d'en rendre trois communes sur quatre.

On voit par là que les années séculaires et les années ordinaires sont soumises à la même règle (1).

**Dénomination des mois et des jours.** — Les noms des mois sont ceux que leur ont donnés les Romains à fort peu près. Il est d'abord facile de voir que *septembre, octobre, novembre* et *décembre* signifient septième, huitième, neuvième et dixième et datent de l'époque où l'année commençant en mars avait dix mois.

A cette même époque *juillet* et *août*, dont les noms viennent de *Jules* (Jules César), et d'*Auguste*, étaient désignés par les mots *cinquième* et *sixième. Juin* était attribué à *Junon, mai* à

----

(1) Cette seconde réforme du calendrier qui date de 1582 porte le nom de *grégorienne,* du pape Grégoire XIII, qui la provoqua. A cette époque, le 5 octobre fut appelé le 15 octobre, afin de regagner l'arriéré, et, à partir de là, la réforme fut appliquée.

La réforme était bonne et pourtant elle ne fut acceptée que chez les peuples catholiques romains. En cette circonstance, comme il arrive malheureusement trop souvent, des préoccupations étrangères nuisirent aux véritables intérêts. Parce que la réforme émanait du Pape, les peuples qui ne reconnaissaient pas son autorité continuèrent à se servir du vieux calendrier. Ainsi les lettres des commerçants russes portent une double date, celle de l'ancien et celle du nouveau calendrier.

*Maïa* ; *avril* signifie *ouvrir*, parce que la Terre semble s'entr'ouvrir en se couvrant de la végétation nouvelle ; enfin *mars*, premier des dix mois qui ont dû composer le premier mode d'année romaine, était dédié au dieu *Mars*. *Janvier*, placé sous la protection de *Janus*, était le onzième mois, et *février*, qui vient d'un mot qui signifie *purifier*, était le douzième.

Quant aux noms des jours, ils viennent de ceux des planètes connues des Anciens et parmi lesquelles ils rangeaient le Soleil et la Lune. La syllabe *di*, qui est au commencement du mot dimanche et qui termine les noms des autres jours, vient d'un mot latin qui signifie *jour*. Il est dès lors facile de voir que lundi, mardi, mercredi, jeudi, vendredi et samedi signifient *jour* de la *Lune*, de *Mars*, de *Mercure*, de *Jupiter*, de *Vénus* et de *Saturne*.

Dimanche signifie jour du Seigneur, mais il était à l'origine le jour du Soleil et il porte encore ce nom dans le calendrier anglais et le calendrier allemand.

**Indications diverses.** — Le calendrier fournit la date des diverses fêtes chrétiennes, plus un ensemble d'indications destinées à déterminer la date de ces fêtes et comprises sous le nom de *Comput* (1) *ecclésiastique*. Si nous en parlons, c'est au point de vue des rapports qu'ont ces indications avec l'astronomie.

1° *Épacte et nombre d'or.* — L'*épacte* est l'âge de la Lune au commencement de l'année, c'est-à-dire le nombre de jours écoulés depuis qu'elle a été *nouvelle* jusqu'au 1er janvier. Si la nouvelle lune se trouve le 1er janvier, l'épacte est tout naturellement zéro. L'année suivante, elle sera exprimée par 11, car douze lunaisons font 354 jours, la treizième lunaison sera donc commencée depuis 11 jours au 1er janvier suivant ; l'année d'après, l'épacte sera 22 et ainsi de suite, en déduisant toutefois la durée d'une lunaison toutes les fois que l'épacte la dépassera.

Au bout de 19 ans, les choses recommenceront dans le même ordre puisque cela fait 235 lunaisons. On peut donc donner un numéro d'ordre à ces 19 années, le numéro 1 répondant à l'épacte zéro ; le numéro 2, à l'épacte 11 ; le numéro 3, à l'épacte 22 ; etc. C'est ce numéro d'ordre qu'on nomme *nombre d'or* (2).

(1) Même origine que le mot *compter* ou *calcul*.
(2) Dans leur enthousiasme pour la découverte de cette période *cycle* ou de

Quand on connaît l'épacte, on peut savoir facilement la date d'une phase quelconque de l'année et par suite les fêtes qui s'y rattachent.

2° *Lettre dominicale.* — Si l'on place les sept premières lettres de l'alphabet vis-à-vis des sept premiers jours de l'année, une de ces lettres se trouvera nécessairement vis-à-vis d'un premier dimanche de l'année, ce sera la *'ettre du dimanche* ou *lettre dominicale.*

A l'aide de cette lettre, on peut connaître la date d'un dimanche quelconque de l'année et, par suite celle d'un autre jour.

Dans les années bissextiles, le 29 février, se trouvant intercalé, trouble l'ordre des jours et la lettre dominicale des deux premiers mois n'est pas celle des autres mois de l'année, il y en a une seconde, le 29 février ayant pris le tour du 1ᵉʳ mars.

3° *Les fêtes.* — Les fêtes sont *fixes* ou *mobiles.* Les fêtes fixes ont lieu toujours à la même date de l'année, quel que soit le jour de la semaine. Ainsi l'*Assomption* tombe le 15 août, la *Toussaint,* le premier novembre.

Les fêtes mobiles sont celles dont la date varie chaque année et se trouve liée à des phénomènes astronomiques. Elles dépendent toutes de la fête de Pâques, de sorte que c'est la mobilité de cette dernière qui entraîne celle des autres.

*La fête de Pâques a lieu le premier dimanche qui suit la pleine Lune de l'équinoxe du printemps.*

Cette détermination suppose donc connues :

1° La date de l'équinoxe du printemps ; c'est du 20 au 21 mars ;

2° La date des phases de la Lune ou plus simplement l'épacte qui permet de les trouver ;

3° La date des dimanches de l'année ou la lettre dominicale.

Pâques une fois déterminée, il est facile de donner la date de la Pentecôte, de l'Ascension, etc., en un mot, de toutes les autres fêtes mobiles.

---

19 ans, due à l'un d'eux, Méthon, les Athéniens avaient décidé que le tableau des épactes avec leurs numéros d'ordre serait écrit en caractères d'or dans le emple de Minerve.

# TABLE DES MATIÈRES

## I. — LE CIEL



## II. — LE SOLEIL.



## III. — LA TERRE.

### I. — FORME DE LA TERRE.

## III. — MOUVEMENTS DE LA TERRE.

### § 1. — MOUVEMENT DE ROTATION.



### § 2. — MOUVEMENT DE TRANSLATION.



# IV. — LA LUNE.

## I. — FORME, DIMENSIONS, CONSTITUTION DE LA LUNE.



## II. — MOUVEMENTS DE LA LUNE.

# V. — PLANÈTES ET COMÈTES.

## I. — PLANÈTES

### § I. — GÉNÉRALITÉS.



### § 2. — DÉTAILS SUR LES DIVERSES PLANÈTES.



## II. — COMÈTES.



## III. — ÉTOILES FILANTES.



# VI. — APPLICATIONS.

## I. — ÉCLIPSES.

# AUX PROFESSEURS

## PREMIÈRES NOTIONS

DE

# GÉOMÉTRIE

1 vol. in-18

En publiant les *Premières notions de géométrie*, nous poursuivons le but que nous nous sommes depuis long-temps proposé, qui est de rendre l'accès de la science facile à ceux qui débutent.

Qu'on veuille bien se reporter à la préface qui est en tête de ce volume, on y verra que notre préoccupation, en écrivant les premières notions sur les sciences naturelles ou les sciences physiques, a été de faire ce que nous avons appelé l'*épitomé* de la science. Mais combien ce que nous avons dit à ce propos est plus particulière-ment applicable aux sciences mathématiques! Sans doute, il existe un grand nombre d'ouvrages bien conçus et bien exécutés, mais ils conviennent à ceux qui possèdent déjà quelques notions, et ils répondent le plus souvent à cer-programmes d'école ou d'examen. Ce qui manque le plus, ce sont les livres vraiment élémentaires ne renfer-mant que les notions essentielles, exposées méthodique-ment, et exprimées dans un langage simple, correct et précis, en un mot, les livres destinés à faire faire les pre-miers pas dans la science.

Nous essayons de remplir cette lacune, tout en recon-naissant qu'il s'agit d'une besogne difficile et délicate, qui exige tout à la fois une longue expérience des cho-ses de l'enseignement et le don de vulgarisation.

L'enfant qui aborde l'étude des mathématiques est dans la situation d'un homme transporté soudainement dans un pays étranger dont il ne connaît pas la langue. Ce n'est pas ce qu'on y dit qu'il ne comprend pas, mais la manière dont on le dit et les termes qu'on emploie pour le dire. Les premières difficultés tiennent à la langue géométrique plus qu'à la géométrie elle-même. D'autres difficultés naîtront plus tard des subtilités des géomètres ou d'une prétendue rigueur à apporter dans les démons-trations.

Les géomètres ont le tort, en s'adressant aux com-mençants, de ne pas se servir du langage ordinaire pour exposer les vérités géométriques, pour arriver peu à peu, au fur et à mesure que l'intelligence de l'enfant se développe et que son esprit mûrit, à substituer à l'expression familière de la langue usuelle, une forme de langage plus claire et plus nette et, partant, appropriée à la science. En un mot, il faut enseigner selon le mode naturel, c'est-à-dire procéder du connu à l'inconnu ou plus exactement du concret à l'abstrait, et dégager du fait matériel la notion abstraite qu'il contient. C'est l'esprit dans lequel ont été conçues les *Premières notions de géométrie*.

Veut-on un exemple : disons que la notion du *volume* est fournie par des objets usuels tels qu'un ballot de marchandises, une pierre de taille, un sac de blé : pour faire comprendre l'idée de *surface*, nous faisons observer que si l'on cire un parquet ; si l'on peint un plafond, c'est la surface que l'on cire ou que l'on peint ; qu'en général la surface de tout corps peut être représentée par une feuille de papier extrêmement mince qui recouvre le corps de toutes parts. La *ligne* est d'abord figurée par un brin de fil, puis par un trait ; c'est le contour d'une roue qui donnera la première notion de la *circonférence;* les rails d'un chemin de fer montrent ce que sont des *parallèles*, etc.

Si humble que paraisse ce point de départ, et bien que

nous nous adressions d'abord aux sens pour pénétrer jusqu'à l'esprit, la géométrie ne perdra rien de sa rigueur. L'expression donnée en dernier lieu, soit d'une définition, soit d'un théorème ou d'un problème, sera toujours donnée en langage géométrique.

Ajoutons que les figures sont en harmonie avec le texte qu'elles complètent. L'objet dont on parle se trouve représenté, et, à côté, on peut voir la figure linéaire qui en est la représentation géométrique.

Puisse ce nouveau volume suivre ses aînés dans la voie où ils sont si heureusement engagés.

CORBEIL. TYP. ET STÉR. CRÉTÉ.